SELBST GEZOGEN!

Impressum

Aus dem Englischen übersetzt von Agnes Pahler.
Titel der Originalausgabe: Plants from Pips
Erschienen bei Mitchell Beazly, an imprint of Octopus Publishing Group Ltd., a Hachette UK Company
unter der ISBN 978-1-78472-044-5

Umschlaggestaltung von Claudia Eder Konzept und Gestaltung, Augsburg unter Verwendung eines Farbfotos von shutterstock/IngridHS (Umschlagvorderseite) und Zeichnungen von Melvyn Evans.
Das Foto auf der Umschlagvorderseite zeigt einen Avocado-Kern.

Alle Angaben in diesem Buch sind sorgfältig geprüft und geben den neuesten Wissensstand bei der Veröffentlichung wieder. Da sich das Wissen aber laufend in rascher Folge weiterentwickelt und vergrößert, muss jeder Anwender prüfen, ob die Angaben nicht durch neuere Erkenntnisse überholt sind. Dazu muss er zum Beispiel Beipackzettel zu Dünge-, Pflanzenschutz- bzw. Pflanzenpflegemitteln lesen und genau befolgen sowie Gebrauchsanweisungen und Gesetze beachten. Beachten Sie daher, dass Dünger und Pflanzenschutzmittel nicht in die Hände von Kindern gehören und für diese unerreichbar aufbewahrt werden müssen! Die Blütenfarben sind sortenabhängig, daher können auch Farben auf dem Markt sein, die im Buch nicht genannt werden. Die Blütezeiten sind ebenfalls sortenabhängig, aber auch klima- und standortabhängig. Die angegebenen Wuchshöhen und -breiten der Pflanzen sind Mittelwerte. Sie können je nach Nährstoffgehalt des Bodens variieren. Verschiedene Sorten können deutlich größer oder auch kleiner wachsen als die Art.

Gedruckt auf chlorfrei gebleichtem Papier

Für die deutschsprachige Ausgabe:

ISBN 978-3-440-15043-6
Projektleitung: Carolin Küßner
Redaktion: lektorat & textlabor, Christiane Theis, Gärtringen
Satz: DOPPELPUNKT, Stuttgart
Produktion: Jürgen Bischoff
Printed in China/Imprimé en Chine

FSC www.fsc.org MIX Papier aus verantwortungsvollen Quellen FSC® C101537

HOLLY FARRELL

SELBST GEZOGEN!

PFLANZEN AUS KERNEN
SELBST VERMEHREN UND PFLEGEN

KOSMOS

INHALT

EINFÜHRUNG

Hast Du Dir schon einmal ein paar Kerne aus einer Frucht angesehen und Dich gefragt, ob sie wachsen würden, wenn man sie aussät? Wahrscheinlich hast Du sie einfach weggeworfen, obwohl sie tatsächlich wachsen könnten. Und das ist leichter, als Du Dir vorstellst.

Die Anzucht von Pflanzen aus Kernen macht Spaß, man braucht dafür nicht viel, das meiste dafür findet man in der Küche. Das Ganze geschieht im Haus, zu jeder Jahreszeit. Ein Samenkorn zum Wachsen zu bringen, ist eine klasse Übung für alle, die im Kleinen mit dem Gärtnern beginnen wollen, ohne dass sie einen Garten brauchen. Auf diese Weise kann man Kinder und natürlich auch Erwachsene an die Natur und die Lebensweise von Pflanzen heranführen.

Man braucht dafür keine Gärtnererfahrung, nur ein wenig Hingabe und etwas Geduld. Wie man die unterschiedlichsten Kerne heranzieht, wird im Buch verständlich beschrieben. Dazu kommen allgemeine Ratschläge zur Pflege der Pflanzen.

Aus einem Kern kann eine ungewöhnliche Zimmerpflanze wie eine Dattelpalme heranwachsen, es kann sogar eine neue Apfel- oder Himbeersorte entstehen, der Du einen eigenen Namen geben kannst. Jedenfalls ist es ungemein spannend zu beobachten, wie die ersten Sprossen erscheinen.

Bevor Du Samen wegwirfst, nimm also einen Topf und eine Hand voll Erde, um etwas richtig Cooles damit auf der Fensterbank wachsen zu lassen.

SO FUNKTIONIERT DAS BUCH

Dieses Buch enthält alles über Samen und wie man Pflanzen daraus zieht, angefangen bei ihrem Aufbau bis hin zur Kultur spezieller Pflanzenarten. Man muss das Buch nicht von vorn bis hinten durchlesen. Man kann mit einer einzelnen Pflanze beginnen, dann zurückgehen und mehr über die Biologie von Samen erfahren, um wieder Neues auszuprobieren.

20 SELBST GEZOGEN!

MERKMALE DER NEUEN PFLANZE

Die Kultur aus Samenkörnern ist eine spaßige und interessante Angelegenheit, doch muss man wissen, was dabei herauskommt. Wer den Anweisungen im Buch folgt, erhält mit etwas Geduld eine aus einem Samen selbst gezogene Pflanze.

WAS KANN MAN ERWARTEN?

Viele tropische Obstgehölze, die man im Haus aus Samen zieht, werden in einem kühleren Klima kaum Früchte tragen (unmöglich ist es allerdings nicht). Trotzdem ergeben sie prächtige Zimmerpflanzen.

Aus Samen von Obstbäumen, die im Freien wachsen, entwickeln sich Pflanzen mit anderen Eigenschaften als die der Ausgangssorte. Zum Beispiel wird ein Apfelkern der Sorte 'Braeburn' zu einem Baum heranwachsen, der die Eigenschaften eines 'Braeburn' besitzt. Zugleich wird er Eigenschaften von jenen Sorten, mit deren Pollen der Ausgangsbaum bestäubt wurde, haben. Das Gleiche gilt für Gemüse, obwohl hier die Unterschiede zur Ausgangssorte weniger deutlich ausfallen.

Ein Obstbaum braucht Zeit zum Heranwachsen. Es dauert Jahre, bis er Früchte trägt.

WIE PFLANZEN WACHSEN 21

Kapitel 1 erklärt, was es mit Samen auf sich hat, wie sie austreiben und was zu erwarten ist, wenn man sie zu Hause wachsen lässt.

Kapitel 2 gibt Dir allgemeine Informationen dazu, wie Du eine Kultur aus Samen beginnst, und welche Gerätschaften Du dafür unbedingt brauchst. Zusammen mit den speziellen Anleitungen zu einzelnen Pflanzen in Kapitel 3 bist Du gut informiert.

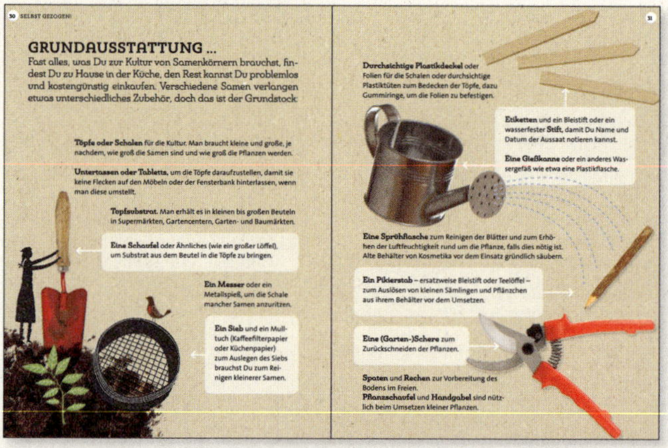

30 SELBST GEZOGEN!

GRUNDAUSSTATTUNG ...

Fast alles, was Du zur Kultur von Samenkörnern brauchst, findest Du zu Hause in der Küche, den Rest kannst Du problemlos und kostengünstig einkaufen. Verschiedene Samen verlangen etwas unterschiedliches Zubehör, doch das ist der Grundstock:

Töpfe oder Schalen für die Kultur. Man braucht kleine und große, je nachdem, wie groß die Samen sind und wie groß die Pflanzen werden.

Untertassen oder Tabletts, um die Töpfe daraufzustellen, damit sie keine Flecken auf den Möbeln oder der Fensterbank hinterlassen, wenn man diese umstellt.

Topfsubstrat. Man erhält es in kleinen bis großen Beuteln in Supermärkten, Gartencentern, Garten- und Baumärkten.

Eine Schaufel oder Ähnliches (wie ein großer Löffel), um Substrat aus dem Beutel in die Töpfe zu bringen.

Ein Messer oder ein Metallspieß, um die Schale mancher Samen anzuritzen.

Ein Sieb und ein Mulltuch (Kaffeefilterpapier oder Küchenpapier) zum Auslegen des Siebs brauchst Du zum Reinigen kleinerer Samen.

31

Durchsichtige Plastikdeckel oder Folien für die Schalen oder durchsichtige Plastiktüten zum Bedecken der Töpfe, dazu Gummiringe, um die Folien zu befestigen.

Etiketten und ein Bleistift oder ein wasserfester **Stift**, damit Du Name und Datum der Aussaat notieren kannst.

Eine Gießkanne oder ein anderes Wassergefäß wie etwa eine Plastikflasche.

Eine Sprühflasche zum Reinigen der Blätter und zum Erhöhen der Luftfeuchtigkeit rund um die Pflanze, falls dies nötig ist. Alte Behälter von Kosmetika vor dem Einsatz gründlich säubern.

Ein Pikierstab – ersatzweise Bleistift oder Teelöffel – zum Auslösen von kleinen Sämlingen und Pflänzchen aus ihrem Behälter vor dem Umsetzen.

Eine (Garten-)Schere zum Zurückschneiden der Pflanzen.

Spaten und **Rechen** zur Vorbereitung des Bodens im Freien.
Pflanzschaufel und **Handgabel** sind nützlich beim Umsetzen kleiner Pflanzen.

99

ÄPFEL UND BIRNEN

Malus domestica und Pyrus communis

SCHWIERIGKEITSGRAD: 💧 GEDULD: 💧💧💧 WUCHSFORM: BAUM, MEHRJÄHRIG

Es ist eine tolle Sache, einen Baum aus einem winzigen Kern heranzuziehen, auch wenn sich nicht die gleiche Frucht wie am ursprünglichen Baum entwickelt. Ideal ist eine Aussaat im späten Herbst, die im Winter draußen bleibt. Im Kühlschrank lässt sich die Samenruhe sogar ganzjährig brechen.

DAS BRAUCHST DU

- Apfel oder Birne
- Kleinen Topf (9 cm) mit Substrat
- Netz und Gummiring bei einer Aussaat in einen Topf im Freien

SO GEHT'S

1. Säe saubere Samen in einen Topf mit vorgewässertem Substrat. Lege fünf Samen pro Topf aus, das erhöht die Erfolgschancen.
2. Die Kerne brauchen eine Kälteperiode (mindestens 2 Monate lang unter 5 °C), damit die Samenruhe gebrochen wird. Säe in Töpfe, die während des Winters im Freien stehen, oder stelle den Topf in den Kühlschrank. Auf dem draußen stehenden Topf befestigst Du ein elastisches Netz, das mit einem Gummiring fixiert wird. So können keine Tiere wie Mäuse an die Samen gelangen.
3. Jetzt können die Töpfe auf eine warme, sonnige Fensterbank kommen. Im Frühling kannst Du sie draußen stehen lassen. Die Samen keimen innerhalb von 3–8 Wochen. Halte das Substrat feucht, aber nicht nass.

DIE PFLANZE RICHTIG PFLEGEN

1. Pflanze jeden Sämling in einen eigenen Topf und topfe um, sobald sie größer werden. Wenn es geht, setze sie in den Garten. Sie sind winterhart. Es kann sein, dass die jungen Stämme eine Stütze benötigen.
2. Bei einjährigen Bäumen schneidest Du die Spitze unmittelbar über der fünften Knospe von unten ab. Das fördert die Verzweigung.

TIPPS

AUSSAAT: IM HAUS/IM FREIEN
KULTUR: IM HAUS/IM FREIEN
MINDESTTEMPERATUR: −10 °C
ENDGRÖSSE:

Kapitel 3 behandelt die einzelnen Pflanzenarten. Enthalten sind exotische Früchte, die zu interessanten Zimmerpflanzen heranwachsen, Gemüse, das im Haus oder im Freien gedeiht, und dazu Früchte, die am besten draußen reifen.

SCHLÜSSEL FÜR DIE KULTUR AUS KERNEN

SCHWIERIGKEITSGRAD: 💧 ganz leicht 💧💧 mittel 💧💧💧 ein wenig Know-how nötig

GEDULD: 💧 wächst schnell 💧💧 braucht länger 💧💧💧 wird groß wie ein Baum

Kapitel 4 liefert Informationen zur Pflege der heranwachsenden Pflanzen sowie Tipps für den Fall, dass etwas schiefgeht. Wie in Kapitel 2 sind das allgemeine Hinweise, zu denen die speziellen Angaben in Kapitel 3 hinzukommen.

132 SELBST GEZOGEN!

PROBLEME ERKENNEN & BEHEBEN

Neben Krankheiten und Schädlingen machen andere Probleme den Sämlingen zu schaffen. Sie alle lassen sich leicht beheben, indem man die Art und Weise der Pflege ändert.

WASSERMANGEL

Anzeichen: Die Blätter und schließlich die Triebe beginnen, schlaff zu werden, und hängen über. Ältere Blätter vergilben und fallen ab, Blütenknospen fallen ab oder öffnen sich nicht. Die Erde ist staubtrocken.

Gegenmaßnahme: Gieße! Stelle den Topf in einen Bottich oder Eimer voll Wasser (man muss ihn vielleicht auch von oben gießen oder beschweren, wenn er auftreibt), bis das Substrat durch und durch vollgesaugt ist. Hole den Topf heraus und lass überschüssiges Wasser ablaufen. Kontrolliere in Zukunft öfter.

ÜBERGIESSEN

Anzeichen: Diese sind ähnlich wie beim Wassermangel, nur ist das Substrat durchnässt. Die Blätter können aufgewölbte Knubbel aufweisen, die später braun werden und verkorken (man nennt das Ödeme), falls die Pflanze mehr Wasser aufnimmt, als ihr guttut.

Gegenmaßnahme: Gieß nicht mehr, bis das Substrat nur noch feucht ist. Entferne keine Blätter, sie werden gebraucht, um das Zuviel an Wasser durch Verdunstung loszuwerden. Wenn möglich, verbessere den Wasserabzug im Topf oder im Boden. Töpfe sollten nie über längere Zeit im Wasser stehen bleiben.

PFLANZENPFLEGE LEICHT GEMACHT 133

Das Glossar am Ende erklärt Fachausdrücke. Anschließend findest Du die weiterführende Literatur.

KAPITEL 1

WIE PFLANZEN WACHSEN

Mit der Anzucht von Pflanzen kannst Du auf spaßige Weise leicht mit dem Gärtnern beginnen. Das Ergebnis übertrifft jede gewöhnliche Zimmerpflanze. Gärtnern ist nämlich längst nicht so schwierig, wie es Dir vorkommen mag, denn alle Pflanzen wollen wachsen und gedeihen. Es kommt daher nur noch darauf an, ihnen die Möglichkeit zu bieten, dass sie genau dies tun können.

In diesem Kapitel wird die innere Funktion eines Samenkorns beschrieben und auch was passiert, wenn dieses – einmal in die Erde gepflanzt – sich im Topf auf der Fensterbank befindet. Du erfährst mehr darüber, wie Pflanzen ihre Samen in der Natur verbreiten und was Du von heranwachsenden Sämlingen erwarten kannst. Du wirst ein wenig Geduld brauchen, doch das Ergebnis ist das allemal wert!

WAS SIND KERNE?

Ein Kern ist ein Samen, der in einer Frucht eingeschlossen war. Harte Kerne bezeichnet man auch als Steine. Botanisch gesehen ist die Frucht der Samenbehälter der Pflanze, man nennt das ganze Organ darum herum so, zusammen mit dem essbaren Fleisch um die Samen. Bei vielen Gemüsen wie Tomaten haben wir es daher mit Früchten zu tun.

VERMEHRUNG VON PFLANZEN

Pflanzen vermehren sich auf zwei verschiedene Weisen: Sie können sich einfach vervielfältigen, sprich sich klonen (das ist die vegetative Vermehrung), oder sie bilden Samen (das ist die geschlechtliche Vermehrung).

Eine vegetative Vermehrung kann auf unterschiedliche Art und Weise ablaufen. Ein Beispiel dafür sind Ausläufer. Dann bildet ein geneigter Zweig oder Stängel an der Stelle, wo er den Boden berührt, wieder Wurzeln. So entsteht eine neue Pflanze, die weiterlebt, wenn die Ausgangspflanze abstirbt. Manche Pflanzen können schon aus kleinen Wurzelstücken wieder austreiben. Gärtner wissen, auf welche Art sie Pflanzen vermehren können. Sie schneiden Stecklinge von Trieben oder Wurzelschnittlinge, aus denen neue Pflanzen wachsen.

Die vegetative Vermehrung hat aber nicht nur Vorteile. Viele Pflanzen, die das intensiv verfolgen, bezeichnet man als Unkraut. Das gilt etwa für Winden und für den Japanischen Flügelknöterich.

In Samen befinden sich Pflanzenembryos. Sie entstehen nach Bestäubung einer Blüte. Der Fruchtknoten mit den Eianlagen ist das weibliche Blütenteil. Pollen gelangt vom Staubblatt, dem männlichen Blütenteil, mithilfe von Tieren wie Insekten, Wind oder Wasser in andere Blüten. Pollen, der auf die Narbe trifft, befruchtet die Eizellen. Daraus entwickeln sich Samen.

Für die Ausbildung von Samen verbrauchen die Pflanzen viel Energie, doch auf diese Weise kann sich eine Pflanze an weiter entfernten Stellen ausbreiten. Die Nachkommen sind keine Kopien ihrer Eltern. So entwickeln sich neue Eigenschaften, die sogar Vorteile bringen. Pflanzen blühen oft, wenn sie unter Stress stehen, etwa bei Dürre. Sie wollen Samen bilden, die überleben, auch wenn die Mutterpflanze abstirbt.

SO SIEHT EIN KERN VON INNEN AUS

Im Kern ist alles enthalten, was die Pflanze braucht, um eine winzige Wurzel und einen Spross mit den ersten Blättern zu bilden. Dazu kommt ein Energievorrat, um Wurzel und Austrieb aus der Hülle heraus in die Welt hinauszuschieben.

AUFBAU EINES SAMENKORNS

Keimblätter. Sie speichern Reserve- und Nahrungsstoffe, die der Embryo bei der Keimung braucht. Die Energie ist hauptsächlich in Form von Kohlenhydraten (Stärke) gespeichert, doch manchmal auch als Fette oder Öle (wie zum Beispiel in Nüssen und Sonnenblumenkernen). Weil der Sämling die Energievorräte in den Keimblättern zum Wachsen verbraucht, schrumpfen diese ein und sterben ab.

Die Keimblätter sind gewöhnlich die ersten Blätter, die Pflanzen nach der Keimung über die Erdoberfläche schieben. Botaniker teilen die Pflanzen danach ein, je nachdem, wie viele Keimblätter sie haben: Ein Keimblatt besitzen zum Beispiel die Gräser, sie gehören zu den Einkeimblättrigen. Die meisten Blütenpflanzen haben zwei Keimblätter, sie sind Zweikeimblättrige. Zu ihnen gehören die meisten unserer Kerne.

Embryo. Die neue Pflanze im Kleinformat besteht aus einer winzigen Keimwurzel und einem Spross. Das Verbindungsstück dazwischen nennt man Hypokotyl. Der Spross besteht aus einem Stängel und den ersten „echten“ Blättern.

Samenmantel. Das ist praktisch die Haut. Er umhüllt und schützt den Embryo und den Energiespeicher. Seine Dicke unterscheidet sich beträchtlich je nach Pflanzenart und diese entscheidet darüber, wie leicht Wasser aufgenommen wird, um die Keimung einzuleiten. Manchmal sind darin Stoffe enthalten, die die Keimung so lange hemmen, bis bestimmte Umweltbedingungen eintreffen. Im Allgemeinen ist die Färbung bräunlich – so wie Erde. Das schützt vor dem Gefressenwerden.

SAMEN MIT ENDOSPERM

Nährgewebe. Pflanzen besitzen einen zusätzlichen Energievorrat für die Keimung, das Nährgewebe oder Endosperm. Seine Größe schwankt je nach Pflanzenart: Bei einigen Pflanzen sind die Keimblätter der Hauptspeicher, bei anderen macht das Nährgewebe die wichtigste Quelle für Energie aus.

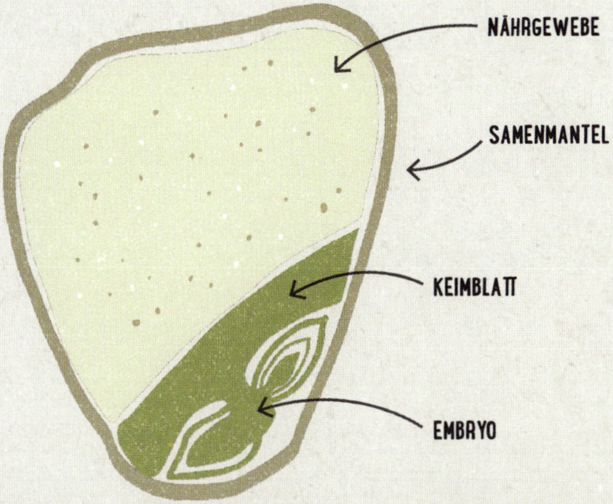

WIE PFLANZEN IHRE SAMEN VERBREITEN

Als Nächstes muss die Pflanze ihre Samen rundum verbreiten. Hoffentlich gelangen sie auf ein geeignetes Stück Erde, auf dem der Sämling wachsen kann und nicht in Konkurrenz zur Ausgangspflanze steht. Die Pflanzen haben verschiedene Mechanismen für die Verbreitung ihrer Samen entwickelt.

VERBREITUNG

Die meisten Samen sind in eine geschmackvolle, farbige Frucht eingeschlossen. Tiere wie Vögel oder Menschen essen die Frucht, und wenn die Samen nicht verdaut werden, liegen sie im Kot. Von Menschen aufgenommene Samen haben wenig Chancen, im Magen-Darm-System zu überleben. Doch jene, die von Tieren gefressen wurden, haben mit dem Dung einen kleinen Düngervorrat erhalten, der sie zu Wachstumsbeginn unterstützt.

Auch andere Pflanzen nutzen Tiere und Menschen bei der Verbreitung, denn ihre Samen hängen sich ans Fell oder an die Kleidung und werden so davongetragen.

Manche Samen weht der Wind davon, wie jene vom Löwenzahn. Die leiseste Brise trägt die Samen der Pusteblume mit den fallschirmartigen Anhängseln fort. Die Ahornsamen zwirbeln dank ihrem Flugblatt durch die Luft.

Einige Pflanzen wie Stechginster schleudern ihre Samen geradezu heraus. Der Samenbehälter platzt, wenn die Samen reif sind.

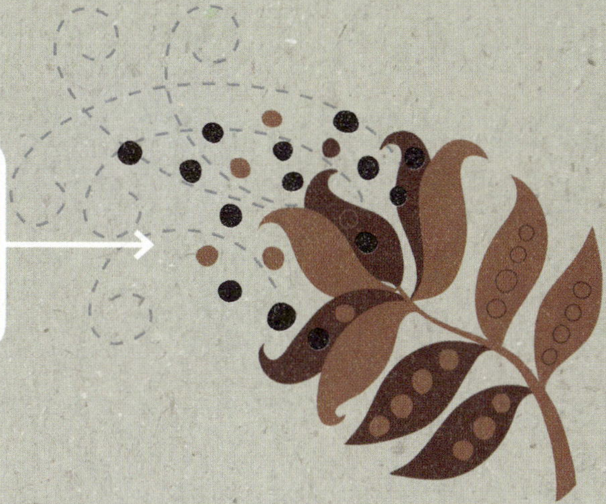

Wasser trägt Samen davon. Hunderte Kilometer weit schwimmt die Kokosnuss, bis sie an einem Strand landet und dort keimt.

SAMENRUHE

Samen müssen geeignete Bedingungen für die Keimung abwarten. Bevor sie von der Pflanze wegkommen, verlieren die Samen im Verlauf der Reife 85–90 Prozent ihres Wassergehalts, weil sie trocknen. Einmal reif beziehungsweise getrocknet, verharren die Samen in Ruhe, bis die Verhältnisse für die Keimung gerade richtig sind.

Die Arten unterscheiden sich darin, wie sie den Ruhezustand aufrechterhalten. Die meisten setzen mindestens einen Mechanismus ein, andere setzen auf eine Kombination verschiedener Mechanismen, damit das Samenkorn wirklich nur bei optimalen Überlebenschancen zu wachsen beginnt.

Die verschiedenen Varianten der Samenruhe (und wie man sie bricht) sind auf Seite 42–43 beschrieben.

VOM SAMEN ZUR PFLANZE

Einem Hobbygärtner kann die Keimung rätselhaft und manchmal enttäuschend vorkommen. Hat man einmal den Kern in die Erde gesteckt, weiß man nie, ob sich etwas tut, solange sich nicht ein wundersamer Spross oder eine Wurzel zeigt.

Das Samenkorn muss lebensfähig sein, das heißt, es enthält alles, was es zum Wachsen braucht, und es darf nicht zu alt sein. Die Samenruhe muss gebrochen sein – dazu braucht es Luft, Wasser und die richtige Temperatur. Ist dies alles der Fall, nimmt das Samenkorn Wasser auf.

Poren in der Samenschale lassen Wasser eindringen, das Korn quillt auf, dadurch bricht die Schale auf und mehr Wasser wird aufgenommen. Sauerstoff aus Lufteinschlüssen im Boden kommt hinzu und ermöglicht chemische Reaktionen, um die in Form von Stärke und Fett gespeicherten Energiereserven in Zucker aufzuspalten.

Der Embryo verwendet diese Zuckerverbindungen für den Bau neuer Zellen, um die Keimwurzel zu verlängern und sie in die Erde zu schieben. Sie verankert den Samen im Boden und verzweigt sich auf der Suche nach Wasser und Nährstoffen.

Der junge Spross entwickelt sich, er schiebt sich aufwärts in Richtung Licht. Der Bogen des gebeugten Stängels erscheint zuerst. Er streckt sich, nachdem er die Oberfläche erreicht hat, damit die Blätter aus der Erde heraus und ins Licht kommen.

Sobald Stängel und Blätter Licht bekommen, ist die Pflanze nicht mehr von den im Samen eingelagerten Reserven abhängig, sie kann die benötigten Stoffe selbst herstellen. In der Erde sind Stängel und Blätter weiß, doch sobald sie über der Erde erscheinen und sich entfalten, werden sie schnell grün. Unter der genetisch festgelegten Regie des Zellkerns entsteht Blattgrün (Chlorophyll), in dem die Fotosynthese zur Eigenversorgung der Pflanze abläuft (siehe Seite 26–27).

MERKMALE DER NEUEN PFLANZE

Die Kultur aus Samenkörnern ist eine spaßige und interessante Angelegenheit, doch muss man wissen, was dabei herauskommt. Wer den Anweisungen im Buch folgt, erhält mit etwas Geduld eine aus einem Samen selbst gezogene Pflanze.

WAS KANN MAN ERWARTEN?

Viele tropische Obstgehölze, die man im Haus aus Samen zieht, werden in einem kühleren Klima kaum Früchte tragen (unmöglich ist es allerdings nicht). Trotzdem ergeben sie prächtige Zimmerpflanzen.

Aus Samen von Obstbäumen, die im Freien wachsen, entwickeln sich Pflanzen mit anderen Eigenschaften als die der Ausgangssorte. Zum Beispiel wird ein Apfelkern der Sorte 'Braeburn' zu einem Baum heranwachsen, der die Eigenschaften eines 'Braeburn' besitzt. Zugleich wird er Eigenschaften von jenen Sorten, mit deren Pollen der Ausgangsbaum bestäubt wurde, haben. Das Gleiche gilt für Gemüse, obwohl hier die Unterschiede zur Ausgangssorte weniger deutlich ausfallen.

Ein Obstbaum braucht Zeit zum Heranwachsen. Es dauert Jahre, bis er Früchte trägt.

KAPITEL 2

PFLANZEN SELBST ZIEHEN

In diesem Kapitel erfährst Du alles Nötige darüber, wie die Kultur von Pflanzen aus Samenkörnern beginnt. Du bekommst Infos und Tipps zur Pflege der Pflanzen. Da ist es hilfreich, etwas in die Biologie der Pflanzen einzutauchen und zu sehen, unter welchen Bedingungen sie in freier Natur am besten wachsen. So etwas wie ein „Grüner Daumen" ist nicht nötig. Als Arbeitsgeräte brauchst Du nur eine kleine Grundausstattung, wobei Du das meiste in der Küche findest, oder Du verwertest Verpackungen für Nahrungsmittel dafür ein zweites Mal.

Hier wird ebenfalls erklärt, was beim Pflanzenwachstum passiert und welche Folgen das für die Anzucht der Pflanzen hat. Dann zeigt es den ganzen Ablauf: beginnend vom Sammeln der Samenkörner über Kulturgefäße und die Aussaat bis hin zur Pflege, wenn die Pflanze zu wachsen beginnt.

KERNE SAMMELN

Das Tolle bei der Anzucht aus Kernen besteht darin, dass man das dafür benötigte Obst und Gemüse überall frisch erhält. Man kann es im Supermarkt, im Obst- und Gemüsegeschäft, auf Märkten oder im Bioladen kaufen.

TIPPS FÜR DIE AUSWAHL VON OBST UND GEMÜSE

- Frische Ware verwenden, keine eingefrorene, getrocknete, behandelte.
- Nach Möglichkeit biologisch gezogene Früchte kaufen, denn sie sind nicht mit synthetischen Stoffen behandelt, die die Keimung hemmen könnten.
- Aus samenlosen Sorten kannst Du keine Pflänzchen ziehen. Leider gehören dazu alle Bananen, die in den Geschäften angeboten werden.
- Kaufe nach Möglichkeit Früchte von einer benamten Sorte. Im Supermarkt sollte alles Obst und Gemüse mit dem Sortennamen ausgewiesen sein. In kleineren Geschäften solltest Du Dich trauen zu fragen, welche Sorte angeboten wird.

AUSREIFEN LASSEN

Bevor Du Samen entnimmst, muss die Frucht unbedingt richtig reif sein. Es stellt sich eher Erfolg ein, wenn Du die Frucht während ihrer natürlichen Reifezeit kaufst, doch das spielt keine Rolle, wenn die Frucht wirklich ausgereift ist. In den Geschäften wird oft unreifes Gemüse und Obst angeboten. Es muss zu Hause nachreifen, bevor man Samenkörner verwenden kann. Der Reifeprozess beschleunigt sich neben einer reifen Banane an einem warmen Platz.

SAMENKÖRNER GEWINNEN

Die entnommenen Samenkörner musst Du gründlich waschen, sie müssen ganz sauber sein. Manche Samen musst Du weiter behandeln – das wird bei den Anleitungen in Kapitel 3 beschrieben. Säe sie so bald wie möglich aus.

KLEINERE SAMENKÖRNER WÄSCHT MAN IN EINEM SIEB UNTER DEM WASSERHAHN

GRÖSSERE SAMENKÖRNER MUSS MAN ABSCHRUBBEN

Legt man die Samen zwischen feuchtes Küchenpapier oder in eine verschlossene Plastiktüte, trocknen sie nicht aus, falls sie ein paar Tage lang liegen bleiben müssen. Verzögere die Aussaat aber nicht länger.

DAS BRAUCHEN PFLANZEN ZUM WACHSEN

Die gesamte Nahrungskette beruht darauf, dass Pflanzen ihre Aufbaustoffe selbst herstellen können. Sie schaffen das mithilfe eines Prozesses, den man als Fotosynthese bezeichnet. Der Begriff leitet sich ab von den griechischen Wörtern „photo" für Licht und „synthesis" für machen. Die dabei ständig entstehenden Zucker halten das Wachstum in Gang.

FOTOSYNTHESE

Pflanzen nehmen über eine Verbindung namens Chlorophyll Energie aus dem Sonnenlicht auf. Chlorophyll kommt in allen grünen Pflanzenteilen vor.

Kohlendioxid gelangt über winzige Spaltöffnungen auf der Blattoberfläche in das Gewebe. Diese öffnen und schließen sich nach Bedarf, je nach Tageszeit und in Abhängigkeit von der Witterung.

LICHT + WASSER + KOHLENDIOXID = GLUKOSE + SAUERSTOFF

Mithilfe der Sonnenenergie stellen Pflanzen aus Wasser und Kohlendioxid Zucker (Glukose) her, der in Kohlenhydrate wie Stärke umgewandelt wird.

Wasser wird über die Wurzeln aus dem Boden aufgenommen und dann in Spross und Blätter geleitet.

MACH ES RICHTIG

Damit Pflanzen gut wachsen, müssen die Grundvoraussetzungen wie Licht, Wasser, Luft (wegen des Kohlendioxids) und die Nährstoffe stimmen. Fehlt es an einem, ist das Wachstum geschwächt, selbst wenn anderes im Übermaß vorhanden ist.

Im Haus kann es leicht passieren, dass es an Licht fehlt. Die Lichtmenge und die Dauer der Tageslichteinstrahlung hängt von der Lage der Fenster ab. Viele Pflanzen aus sonnigen Ländern gedeihen nicht auf einer düsteren Fensterbank. Pflanzen aus dem Waldschatten vertragen wiederum keine direkte Sonne.

Gib den Samenpflanzen immer den bestmöglichen Platz. Und denk daran, den Topf für ein gleichmäßiges Wachstum immer wieder zu drehen. Sonst wachsen Blätter und Triebe zum Licht und die Pflanze wird schief.

Bei älteren Pflanzen sammelt sich Staub auf den Blättern, den man regelmäßig entfernen muss. Man kann die ganze Pflanze abbrausen oder jedes Blatt einzeln abwischen. Dadurch kann Licht ungehindert eindringen und die winzigen Atemöffnungen verstopfen nicht.

Mehr zum Gießen und Düngen (Nährstoffversorgung) findest Du auf den Seiten 44–49.

WO WACHSEN DIE SÄMLINGE?

IM HAUS

Wenn man kein Gewächshaus hat, ist eine Fensterbank der beste Platz für Sämlinge. Mach Dich bei jeder Pflanzenart vorher schlau, wie viel Sonne sie mag: Nach Süden und Westen ausgerichtete Fenster eignen sich am besten für Sonnenliebhaber. Arten, die mit weniger Licht auskommen, gedeihen gut vor Fenstern in Richtung Osten oder Norden.

Sorge dafür, dass die Pflanzen nicht im Luftzug stehen, besonders wenn die Fenster nicht doppelverglast sind. Ein kalter Luftzug richtet mehr Schaden an, als das Licht Nutzen bringt. Alle Sämlinge entwickeln sich gut bei Zimmertemperatur (18–20 °C).

Bei wärmerem Wetter ist es wichtig, dass die Blätter nicht überhitzen und verbrennen. Dann musst Du die Töpfe weiter weg vom Fenster rücken. Im Sommer stehen viele Pflanzen gern für ein oder zwei Monate im Freien, sofern es nachts nicht zu kalt ist. Genauere Angaben dazu findest Du in den einzelnen Kulturanleitungen.

IM FREIEN

Bei der Kultur im Freien gelten die selben Regeln wie im Haus. Gönne den Pflanzen so viel Licht wie möglich (wenn ihnen das gefällt) und stelle sie an einen windgeschützten Platz.

Bequemlichkeit spielt auch hier eine Rolle. Nahe am Haus stehende Pflanzen lassen sich leichter überwachen, gießen und pflegen als jene am anderen Gartenende. Stelle Deine Gewächse daher auf der Terrasse oder neben der Tür auf.

Gleiches gilt für Aussaaten in gewachsenem Boden. Ältere Pflanzen kann man an die Rückseite eines Beets umsetzen, doch Sämlinge brauchen mehr Aufmerksamkeit. Pflanze sie daher so, dass Du sie vom Weg aus pflegen kannst, und so, dass sie genug Licht und Regen erhalten. Sei vorsichtig mit Beeten vor Mauern oder Zäunen. Sie liegen im Regenschatten und die Erde dort ist allgemein sehr trocken.

GRUNDAUSSTATTUNG ...

Fast alles, was Du zur Kultur von Samenkörnern brauchst, findest Du zu Hause in der Küche, den Rest kannst Du problemlos und kostengünstig einkaufen. Verschiedene Samen verlangen etwas unterschiedliches Zubehör, doch das ist der Grundstock:

Töpfe oder Schalen für die Kultur. Man braucht kleine und große, je nachdem, wie groß die Samen sind und wie groß die Pflanzen werden.

Untertassen oder Tabletts, um die Töpfe daraufzustellen, damit sie keine Flecken auf den Möbeln oder der Fensterbank hinterlassen, wenn man diese umstellt.

Topfsubstrat. Man erhält es in kleinen bis großen Beuteln in Supermärkten, Gartencentern, Garten- und Baumärkten.

Eine Schaufel oder Ähnliches (wie ein großer Löffel), um Substrat aus dem Beutel in die Töpfe zu bringen.

Ein Messer oder ein Metallspieß, um die Schale mancher Samen anzuritzen.

Ein Sieb und ein Mulltuch (Kaffeefilterpapier oder Küchenpapier) zum Auslegen des Siebs brauchst Du zum Reinigen kleinerer Samen.

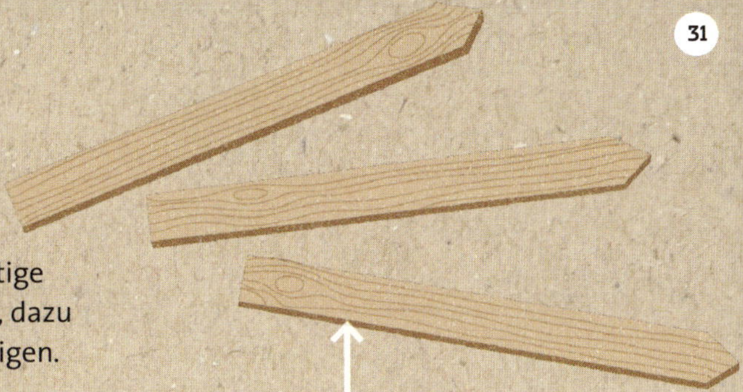

Durchsichtige Plastikdeckel oder Folien für die Schalen oder durchsichtige Plastiktüten zum Bedecken der Töpfe, dazu Gummiringe, um die Folien zu befestigen.

Etiketten und ein Bleistift oder ein wasserfester **Stift,** damit Du Name und Datum der Aussaat notieren kannst.

Eine Gießkanne oder ein anderes Wassergefäß wie etwa eine Plastikflasche.

Eine Sprühflasche zum Reinigen der Blätter und zum Erhöhen der Luftfeuchtigkeit rund um die Pflanze, falls dies nötig ist. Alte Behälter von Kosmetika vor dem Einsatz gründlich säubern.

Ein Pikierstab – ersatzweise Bleistift oder Teelöffel – zum Auslösen von kleinen Sämlingen und Pflänzchen aus ihrem Behälter vor dem Umsetzen.

Eine (Garten-)Schere zum Zurückschneiden der Pflanzen.

Spaten und **Rechen** zur Vorbereitung des Bodens im Freien.
Pflanzschaufel und **Handgabel** sind nützlich beim Umsetzen kleiner Pflanzen.

… FÜR DIE ANZUCHT IM HAUS

PFLANZGEFÄSSE

Das riesige Angebot an Zubehör im Gartencenter verführt leicht zum Kaufen zahlreicher Gerätschaften, doch im Grunde braucht man nur ein paar wesentliche Dinge.

Töpfe

Egal, aus welchem Material der Topf besteht, er muss am Boden ein Wasserabzugsloch haben. Am besten beginnt man mit den Samen in kleinen Töpfen. Die heranwachsenden Pflanzen setzt man dann in größere um.

Kunststofftöpfe sind am billigsten. Es gibt sie in standardisierten Größen wie 7 cm Durchmesser am oberen Rand, 9 cm, 11 cm … Gefäße ab einem Fassungsvermögen von 2 Litern heißen Container.

Ton- oder Terrakotta-Töpfe sehen schöner aus, sind aber teurer. Töpfe aus Kokosfasern oder verstärkter Pappe eignen sich gut für den Einsatz von Samen. Sie sind biologisch abbaubar. Du kannst die Pflanzen daher mit dem Topf in das nächstgrößere Gefäß umpflanzen, ohne dass die Wurzeln verletzt werden.

Es gibt sowohl für Ton- als auch für Plastiktöpfe passende Untersetzer zu kaufen. Sie sind sinnvoll, um die Fensterbank vor auslaufendem Wasser zu schützen. So kannst Du die Töpfe auch mit Wasser versorgen, indem Du in die Untersetzer gießt.
Die Erde saugt dann das Wasser auf und nichts spritzt auf den Sämling und stört dabei die Pflanze.

Schalen

Möchtest Du viele Samen auf einmal säen, eignet sich eine Schale besser als ein Topf. Aussaatschalen bestehen aus Hartplastik und haben am Boden Wasserabzugslöcher. Bei darin ausgesäten Keimlingen können sich die Wurzeln ineinander verschlingen, doch es gibt meist genügend Platz, um viele Samen auf einmal auszusäen.

Man kann auch ein oder zwei Samen in jeweils eine Zelle eines Anzuchtsystems stecken. Weil die Zellen weicher sind, stellt man sie besser in eine Schale. (Hier steht eine Topfplatte in einer Plastikschale.) Wähle besser eine kleine Zellenanzahl (etwa 24). Bei mehr Zellen musst Du öfter gießen und die Pflanzen werden in kürzerer Zeit zu groß dafür.

Willst Du ein Kleingewächshaus, musst Du nur eine durchsichtige Haube kaufen, die auf die Aussaatschale passt. Das erhöht Temperatur und Luftfeuchtigkeit rund um die Sämlinge – ideal für tropische Pflanzen.

Beheizter Vermehrungskasten

Es ist zwar nicht notwendig, doch die meisten Samen keimen schneller, wenn sie von unten etwas Zusatzwärme bekommen. Beim beheizten Vermehrungskasten handelt es sich um eine Schale mit Deckel, die am Boden eine elektrisch beheizte Matte besitzt, auf die man die Töpfe stellt.

Substrat

Für den Anfang der Kultur wählst Du eine Aussaaterde mit feinerer Struktur. Sie enthält keine groben Stücke, die die Abzugslöcher einer Schale oder eines Topfs verstopfen würden. Manche Pflanzen wollen spezielles saures Substrat, bekannt als Rhododendronerde. Achte beim Einkauf des Substrats auf das RAL-Gütezeichen.

RECYCELTE BEHÄLTER

Die Küche liefert nicht nur die Kerne, Du findest dort auch jede Menge Kulturgefäße. So musst Du schon keine Töpfchen oder Schalen kaufen, zumindest für die ersten Aussaaten.

Was Du bedenken musst

Die Gefäße müssen absolut sauber sein, denn schimmelnde Nahrungsmittelreste können den Sämling beeinträchtigen.

Wähle eine geeignete Größe für Dein Samenkorn und sein Entwicklungsstadium: Stecke also weder winzige Pflänzchen in einen großen Topf noch eine füllige Pflanze in einen kleinen. Kleine Joghurtbecher eignen sich bestens für das Bestücken mit kleinen Kernen wie von Zitronen oder Äpfeln. Will man viele kleinere Samen auf einmal säen, etwa von Maracuja, bieten sich Plastikschalen an. Größere Samen oder Pflanzen setzt man in große Joghurt- oder Eisbehälter oder in Büchsen. Im Pflanzenkapitel findest Du bei den Pflanzen Informationen zur jeweils benötigten Topfgröße.

Nimm Behälter aus einem Material, das sich nicht durch die regelmäßigen Wassergaben zersetzt. Kunststoff ist optimal, doch für schnell keimende Samen kommt auch dicke Pappe wie bei Klopapierrollen in Frage.

Verwende keine Metallgefäße, wenn sie direkten Kontakt zu Wärmequellen (etwa eine Heizung) haben oder im Sonnenlicht stehen. Sie werden dann häufiger Wasser brauchen, weil die Erde schneller austrocknet. Womöglich heizen sie sich so sehr auf, dass auch die Wurzeln austrocknen.

WASSERABZUGSLÖCHER EINFÜGEN

Jedes Gefäß, egal in welcher Größe, braucht am Boden Wasserabzugslöcher. Es kann notwendig werden, sie selbst zu machen.

1. Achte beim Werken unbedingt auf die Sicherheit. Einen Metallstift, ein Messer oder eine Schere verwendest Du für Deine Kunststoffgefäße.

2. Metall kann man am besten mit einem spitzen Nagel durchbohren, den man mit einem Hammer durch den Boden schlägt. Vier oder fünf Löcher reichen pro Topf, je kleiner der Topf, desto kleiner kann jedes Loch sein.

... FÜR DIE ANZUCHT IM FREIEN

Samen wie die von Obstbäumen oder von Gemüse kann man im Freien stecken. Andere brauchen einen Kulturbeginn im Haus, können aber im Sommer draußen in einem größeren Topf stehen. Die Anleitung für jede Art informiert darüber, ob die Pflanze im Freien wachsen kann oder nicht.

TÖPFE UND ERDEN

Bei der Gefäßwahl kannst Du im Freien genauso erfinderisch sein wie im Haus. Jeder Behälter, der Wasserabzugslöcher hat oder bekommen hat, eignet sich. Man kann es mit ausgedienten Stiefeln oder mit einer Holzkiste versuchen. Gefäße ohne Wasserabzugslöcher wie etwa eine alte Teekanne kann man verwenden, doch leicht werden darin die Pflanzen ersäuft. Prüfe daher vor dem Gießen sorgfältig und so tief wie möglich, wie feucht die Erde ist.

Gewöhnliche Töpfe bestehen aus Kunststoff oder Ton. Wähle eine geeignete Größe, aber bedenke, dass kleine Töpfe schneller austrocknen und dass sie der Wind leichter umwirft. Falls Du keinen Garten hast, schränkt das die Möglichkeiten bei der Anzucht nicht ein. Ein Fensterkasten erfüllt seinen Zweck genauso.

Größere Gefäße kannst Du mit jedem Universalsubstrat befüllen. Die fülligeren Pflanzen darin haben robustere Wurzeln, die dann nicht mehr das feine Substrat wie für junge Gewächse benötigen.

Alle Topfpflanzen müssen gelegentlich – das bedeutet, alle ein bis drei Jahre – umgetopft werden, um die Erde und die Nährstoffvorräte zu erneuern (siehe Seite 116).

Eine gut bewurzelte Pflanze lässt sich nur sehr schwer aus einem Topf herausholen, der oben schmaler ist als in der Mitte. Lass sie daher nicht lange darin.

DER BODEN

Alle Sämlinge gedeihen besser, wenn man sie anfangs in einem Topf aussät und anzieht. Manche Pflanzenarten, wie zum Beispiel Kürbisse oder Apfelbäume, kann man später ins Freie auspflanzen, damit sie zu großen Pflanzen heranwachsen.

DEN BODEN VORBEREITEN

Bevor man etwas in ihn hineinpflanzt, muss man den Boden vorbereiten. Schritt für Schritt geht das so:

1 Grabe den betreffenden Bereich sorgfältig um. Wende dabei die Erde mindestens bis in Spatentiefe und zerkleinere große Erdbrocken.

2 Beim Umgraben entfernst Du alles Unkraut – die Wurzeln ebenso wie das grüne Kraut.

3 Sammle alle großen Steine oder Schutt ab. Kleinere Steine und Splitt können im Boden bleiben – sie verbessern den Wasserabzug.

4 Verteile eine Lage Kompost über dem Bereich. Du kannst auch gut abgelagerten Mist, etwa von Pferden, nehmen. Sobald das Material braun und krümelig ist, kann man es verwenden. Mit einem Krail oder einem Rechen mischst Du es unter die Erde.

5 Das Bodenniveau wird nun etwas höher sein als zuvor. Tritt daher die Hohlräume behutsam an und reche alles eben ein.

BODENARTEN

Ist der Boden sandig – er zerkrümelt leicht –, mische reichlich reifen Kompost unter. Dieser bringt Nährstoffe ein und verbessert das Wasserhaltevermögen.

Wenn der Boden mehr Ton enthält, fühlt er sich bei Nässe klebrig an und lässt sich zu bleistiftdicken Rollen formen. Füge dann noch nicht ganz verrotteten Rohkompost hinzu oder abgelagerten Pferdemist, der noch Stroh enthält. Das verbessert die Bodenstruktur und den Wasserabzug. Die Bodenoberfläche muss für junge Pflanzen glatt und frei von Erdbrocken sein.

Sogar die magerste Erde lässt sich durch regelmäßige Zufuhr von Kompost oder gut abgelagertem Mist verbessern.

DIE KERNE AUSSÄEN

Genaue Details zur Aussaat der Kerne findest Du bei den einzelnen Pflanzen. Doch es gibt ein paar Grundregeln:

Die meisten Kerne sät man am besten im Frühjahr aus. Doch eigentlich kann man immer aussäen, solange die Kerne genug Wärme und Licht erhalten.

Der Topf oder die Schale muss die richtige Größe sowie Wasserabzugslöcher haben und sauber sein.

Nach dem Einfüllen der Erde stößt Du das Gefäß ein paar Mal auf der Arbeitsfläche auf, um alle Hohlräume zu beseitigen. Drück das Substrat mithilfe eines leeren Topfs oder einer leeren Schale leicht an. Die Oberfläche muss eben sein. Lass zum oberen Topfrand hin einen etwa 1 cm breiten Rand frei, damit beim Gießen die Erde nicht herausgeschwemmt wird.

Wässere die Erde, sie muss durch und durch feucht sein, bevor Du darin aussäen kannst. Gießt Du erst nach der Aussaat, kann es sein, dass die Kerne an die Seite gespült werden.

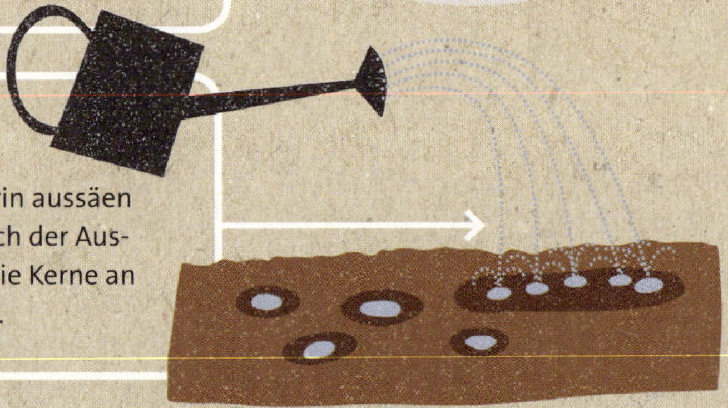

Einfacher ist es, einen Kern pro Topf oder Zelle zu stecken. Dann werden die Pflanzenwurzeln nicht so sehr gestört, wenn man weiter umtopft.

Die Kerne steckt man allgemein zwei- bis dreimal so tief in die Erde, wie sie groß sind. Einen Kern von zum Beispiel 1 cm Länge senkt man 2–3 cm tief ein. Manche Samen sind aber so klein, dass Du sie nicht mehr mit einer dünnen Erdschicht bedecken kannst. Verteile sie dann einfach auf der Erdoberfläche.

Einmal ausgesät, musst Du die Kerne ständig feucht halten. Falls die Samen während des Keimprozesses austrocknen, sterben sie womöglich ab, noch bevor sie angefangen haben zu wachsen.

Beschrifte immer den Topf mit dem Namen der Pflanze und dem Aussaatdatum.

SPEZIALBEHANDLUNG

Manche Kerne brauchen vor oder nach der Aussaat eine besondere Behandlung. Gärtner haben diese Methoden entwickelt, um jene Vorgänge in der Natur nachzuahmen, welche die Samenruhe brechen und zur Keimung führen.

Winter simulieren

Viele Pflanzen verstreuen ihre Samen im Herbst. Würden sie dann auskeimen, müssten die Pflänzchen im kalten und nassen Winter bald absterben. Sie sind deshalb dazu übergegangen, in der Erde bis zum Frühjahr zu ruhen, bis es wärmer wird und die Lichtmenge zunimmt. Liegen die Kerne für ein paar Wochen im Kühlschrank, denken sie, es wären mehrere Wintermonate vergangen. Sie keimen, sobald man sie an einem warmen Platz aussät.

TESTE DIE KEIMFÄHIGKEIT

Teste Deine Samen zuerst auf Keimfähigkeit. Prüfe, ob sie unbeschädigt sind und sich prall anfühlen. Die Lebensfähigkeit vieler Kerne kann man schnell erkennen, wenn man sie in ein Glas Wasser legt: Brauchbare Samen sinken meist zu Boden, leere Kerne, die sich nicht entwickelt haben, schwimmen obenauf.

Die Schale aufbrechen

Manche Kerne haben eine sehr harte Schale. Sie schützt die Kerne und sorgt dafür, dass der Samen nur dann Wasser aufnimmt und zu keimen beginnt, sobald die Bedingungen optimal sind. Wenn ein Tier die Frucht gefressen hat, wird diese Schale von der Magensäure zerstört. Sie verwittert, wenn sie im Wasser liegen bleibt, Tiere oder Witterungseinflüsse bewirken Beschädigungen.

Alle diese Vorgänge kann man nachahmen. Das Vollsaugenlassen mit Wasser ist einfach. Ansonsten kann man die Schale mit Sandpapier aufrauen oder mit einem scharfen Messer anritzen, damit das Wasser eindringen kann.

Wärme aufdrehen

Samen aus warmen Regionen keimen bevorzugt in Erde, die etwas wärmer ist als das gewöhnliche Topfsubstrat im Haus. Das trifft besonders für kühlere Monate zu.

Dem begegnet man, indem man die Kerne in Töpfen im Haus aussät und diese dann über einer Wärmequelle aufstellt. Am besten eignet sich ein Aussaatkasten mit einer Thermostat-gesteuerten Heizung. Du kannst Deinen Topf aber auch in einem Untersetzer auf die Fensterbank über einem Heizkörper stellen.

GEZIELT GIESSEN

Alle Pflanzen, die im Haus in Töpfen wachsen, muss man regelmäßig gießen – und im Freien genügt der Regen meist nicht. Auf Kerne und Pflanzen im gewachsenen Boden muss man nicht so viel aufpassen, doch haben sie noch ein schwaches Wurzelsystem und nehmen bei Trockenheit nicht genug Wasser auf.

Pflanzen können Dir nicht mit Worten sagen, wann sie Wasser brauchen, doch die ersten Anzeichen dafür sind schlaffe Blätter und Stängel. Bevor die Blätter welken, hat die Pflanze aber schon eine Weile gelitten. Sie konnte dann nicht so gut wachsen und ist in dieser Zeit anfälliger für Krankheiten und Schädlinge. Am besten kontrollierst Du jeden Tag, ob Du gießen musst. Das geht am einfachsten, indem Du die Erde prüfst.

WANN BRAUCHT DIE PFLANZE WASSER?

Die Erde darf weder zu nass noch zu trocken sein: Im Idealfall ist sie im ganzen Topf feucht. Prüfe die Erde, indem Du den Finger am Rand einsteckst. So beschädigst Du die Wurzeln nicht.

Zu nasse Erde fühlt sich matschig an und sieht dunkel aus, beim Zusammenquetschen können Tröpfchen austreten: Heute braucht sie kein Wasser mehr.

Zu trockene Erde fühlt sich krümelig und trocken an, sie ist hell gefärbt: Sie braucht jetzt dringend Wasser!

Ist alles in Ordnung, fühlt sich die Erde leicht feucht an, ein bisschen davon wird an der Haut haften bleiben: Heute braucht sie kein Wasser mehr.

GIESSKANNEN UND ANDERES ZUBEHÖR

Gießkannen gibt es in allen möglichen Formen und Größen. Kleine eignen sich gut für kleine Töpfe, dann wird die Erde beim Gießen nicht so leicht über den Rand geschwemmt. Das verhindert auch ein Brauseaufsatz (ein abgeflachter Auslass mit vielen kleinen Löchern). Man kann zum Gießen auch Aufsätze kaufen, die man einfach auf ganz normale PET-Flaschen aufschraubt. So wird das Wasser dosiert abgegeben. Sie eignen sich für kleine Sämlinge.

RICHTIG GIESSEN

Gieße das Wasser behutsam aus, damit keine Erde weggewaschen wird und die Wurzeln keinen Schaden erleiden. Wässere immer die Erde, nicht die Blätter der Pflanzen, richte also den Strahl so nah wie möglich auf die Erdoberfläche. Das Benetzen der Blätter verschwendet nicht nur Wasser – es erhöht bei größeren Pflanzen die Gefahr von Pilzkrankheiten.

Bei kleinen Pflanzen und Sämlingen lässt sich nicht vermeiden, dass die Blätter nass werden, doch bei ausreichender Belüftung ist das kein Problem. Sie biegen sich auch wieder in die aufrechte Wuchsrichtung zurück, falls das Wasser sie gebeugt hatte. Ein sanfter Zug von Hand unterstützt dabei. Fass dazu an ein Blatt und nicht an den empfindlichen Stängel.

Gieße so lange, bis unten am Topf Wasser austritt. Stelle den Topf in einen Untersetzer, damit es keine Sauerei gibt.

War die Pflanze völlig ausgetrocknet, sollte man nach ein oder zwei Stunden noch einmal gießen, damit die Erde das Wasser auch aufnimmt.

Man kann aber auch den Topf in eine mit Wasser gefüllte Schale oder in ein Waschbecken stellen, damit er sich von unten her vollsaugen kann. Das dauert ein paar Stunden, dann nimmt man den Topf heraus.

Lass eine Topfpflanze niemals im Wasser stehen, die Wurzeln fangen sonst an zu faulen.

OPTIMAL DÜNGEN

Samenkörner enthalten ausreichend Energie und Nährstoffe, damit der Keimling aus seiner Schale hervorbrechen und erste Wurzeln sowie Blätter bilden kann. Später liefert die Umgebung Wasser und Nährstoffe.

GRUNDLAGEN

Erde und Substrat enthalten ein gewisses Maß an Nährstoffen. Bei gekauften Substraten sind sie in festgelegten Anteilen für ein ausgeglichenes Wachstum enthalten, je nachdem, ob es sich um Anzucht- oder Universalerde handelt. Die meisten Substrate enthalten genug Nährstoffe für rund 3–6 Monate, doch der Vorrat ist begrenzt. Schau am besten nach, was auf der Verpackung steht.

ZUGEFÜGTE NÄHRSTOFFE

Die Pflanzen brauchen nach einer Weile eine zusätzliche Nährstoffzufuhr. Dünger kann man in fester Form als Körner beziehungsweise Pulver oder in flüssiger Form geben. Depotdünger gibt Nährstoffe über einen langen Zeitraum aus Granulaten ab. Man mischt ihn beim Pflanzen unter die Erde. Flüssigdünger gelangen schneller in die Pflanze. Sie eignen sich dazu, einen Wachstumsschub anzuregen oder einen Nährstoffmangel auszugleichen.

Dünger enthalten Nährstoffe in unterschiedlichen Mengen. Dünger, die Blüten und Früchte fördern (wie Rosen- oder Tomatendünger), enthalten hohe Anteile an Kalium, jedoch weniger Stoffe zur Blatt- und Wurzelbildung. Ein ausgeglichener Dünger eignet sich am besten für die Samenkörner. Er enthält in etwa gleiche Anteile an Stickstoff (N), Phosphor (P) und Kalium (K). Dies wird im Verhältnis N : P : K angegeben.

DEN ANWEISUNGEN FOLGEN

Die Versuchung mag naheliegen, viel zu düngen, um größere Pflanzen in kürzerer Zeit zu haben. Eine Überdüngung kann aber zu schädlichen Nährstoffgehalten im Boden führen – schlimmstenfalls stirbt die Pflanze ab. Halte Dich immer an die Angaben auf der Packung, was Menge und Häufigkeit der Düngung betrifft.

PitAHAYA
BLANC
FRUTA.
PASION

KAPITEL 3

DIE PFLANZEN

In diesem Kapitel erfährst Du alles über die Kultur verschiedenster Samenkörner. Angefangen von Exoten wie Papaya und Pitaya bis hin zu bekannteren Arten wie Tomaten und Himbeeren dürfte für jeden etwas dabei sein. Lass Dich nicht von exotischen Früchten abschrecken. – Manche gedeihen recht einfach.

Zu Beginn jeder Anleitung stehen Symbole. Das erste gibt an, wie einfach die Kultur gelingt: Ein Zeichen steht für leicht, drei bedeuten etwas höhere Ansprüche. Die nächsten Symbole zeigen an, wie viel Geduld Du brauchst: Schnell wachsende Pflanzen haben ein Zeichen, drei bezeichnen langwierige Kulturen, die sogar zu Bäumen heranwachsen können. Unter „Tipps" findest Du Angaben zum Standort und zur Endgröße der Pflanze. Die ideale Aussaatzeit ist stets angegeben. Du kannst jedoch das ganze Jahr über säen, sofern Licht und Wärme ausreichen.

Manche Pflanzen kann man über Stecklinge vermehren. Das steht dann unter „Die Pflanze richtig pflegen".

AVOCADO

Persea americana

SCHWIERIGKEITSGRAD: ●● GEDULD: ●● WUCHSFORM: BAUM, MEHRJÄHRIG

Es ist spannend zu sehen, wie bei der Avocado Wurzeln und Spross aus der Mitte des Samens hervorbrechen. Du müsstest die Pflanze zu einem großen Baum heranwachsen lassen, damit er Früchte tragen kann, doch die Kultur macht auch auf der Fensterbank Spaß. Methode 1 beginnt im Wasser, dabei kann man sehen, wie sich Spross und Wurzeln entwickeln. Die einfachere Methode 2 vermeidet das kritische Umsetzen des bewurzelten Kerns. Ideal ist der April für die Aussaat, doch man kann es jederzeit versuchen.

DAS BRAUCHST DU

- Avocado
- 3 Zahnstocher
- (Marmeladen-)Glas oder kleine Glasschüssel
- Kleinen Topf (9 cm) mit Substrat (später)

TIPPS

AUSSAAT: IM HAUS
KULTUR: IM HAUS
MINDESTTEMPERATUR: 20 °C
ENDGRÖSSE: 2 M

SO GEHT'S – METHODE 1

1 Entferne zuerst alles Fruchtfleisch vom Kern. Lege ihn dann für 48 Stunden in lauwarmes Wasser ein. So kannst Du die Seiten besser durchstechen und der gequollene Samen hat eine gute Ausgangsposition.

2 Nimm den Kern mit dem spitzen Ende nach oben. Stich mit einem Zahnstocher seitlich, etwa in der Mitte, ein. Das wiederholst Du auf gleicher Höhe mit zwei weiteren Zahnstochern.

3 Fülle ein Glas oder eine kleine Glasschüssel fast bis oben hin mit Wasser. Balanciere dann vorsichtig den Kern an seinen Stäbchen auf die Kante. Die dickere Seite des Kerns muss sich im Wasser befinden. Stelle alles an einem warmen Platz auf und wechsle das Wasser alle paar Tage.

4 Bis zur Keimung vergehen mehrere Wochen. Die Wurzeln wachsen unten aus dem Kern heraus, dann erscheint an der Spitze der Spross. Wenn der Trieb vier Blätter hat, nimmst Du den Kern ganz vorsichtig aus dem Glas. Entferne die Zahnstocher und setze den Kern in feuchte Erde ein.

AVOCADO
Fortsetzung

SO GEHT'S – METHODE 2

1. Reinige den Kern und lege ihn wie in Methode 1 in warmes Wasser.

2. Setze den Kern mit dem spitzen Ende nach oben in vorgewässertes Substrat. Die Hälfte des Kerns muss im Substrat eingesenkt sein, der Rest schaut heraus.

3. Packe den ganzen Topf in eine Klarsichttüte, die Du oben zusammenbindest. Stelle ihn an einem warmen Ort auf, wenn möglich sogar mit Wärme von unten. Platziere ihn dazu in einem Untersetzer auf der Fensterbank über einem Heizkörper oder stelle ihn in einen beheizbaren Vermehrungskasten (dann aber ohne Tüte). Kontrolliere alle paar Tage, ob die Erde noch feucht ist, und gieße bei Bedarf.

4. Bis zur Keimung vergehen mehrere Wochen. Zuerst siehst Du eine Wurzel, die unten aus dem Topf herauswächst. Sobald der Spross erscheint, entfernst Du die Tüte.

DAS BRAUCHST DU

- Avocado
- Kleinen Topf (9 cm) mit Substrat
- Plastikbeutel und Schnur

DIE PFLANZE RICHTIG PFLEGEN

1. Stelle die Pflanze an einen hellen Platz (direktes Sonnenlicht ist nicht nötig) in einem stets warmen Raum (20 °C). Topfe öfter mal um, und zwar immer dann, wenn der Wurzelballen gut durchwurzelt ist.

2. Avocados werden recht hoch und staksig, von Natur aus verzweigen sie sich im ersten Jahr nicht. Stütze der Stamm mit einem Bambusstab. Damit sich die Pflanze buschiger entwickelt, solltest Du die Spitze und das oberste Blatt entfernen, sobald der Spross etwa 10 Blätter hat. Dann bilden sich Seitentriebe.

MELONEN UND WASSERMELONEN

Cucumis melo und Citrullus lanatus

SCHWIERIGKEITSGRAD: GEDULD: WUCHSFORM: RANKEND, EINJÄHRIG

Melonen enthalten jede Menge Kerne. Die herangezogenen Pflanzen können eigene Früchte bilden, sofern sie die zum Fruchten notwendige lange Wärmeperiode genießen konnten. Sie schmecken aber oft nicht mehr so lecker. Ideal ist April für die Aussaat, man kann es ganzjährig versuchen.

DAS BRAUCHST DU

- Melone oder Wassermelone
- Sieb
- Kleine Töpfe (9 cm) oder Schale mit Zelleneinteilung
- Substrat
- Stäbe, z. B. aus Bambus, und Schnur zum Stützen

SO GEHT'S

1. Melonen sind reif, sobald sie aromatisch riechen und hohl klingen, wenn man daran klopft. Warte ab diesem Zeitpunkt noch ein oder zwei Tage, bis Du die Frucht aufschneidest und die Kerne herauslöffelst.

2. Spüle die Kerne in einem Sieb ab, verwende ein wenig Spülmittel, um Zuckerverbindungen zu entfernen. Säe dann einzeln in kleine Töpfe oder Zellen in einem Anzuchtsystem aus. Die Wurzeln werden dann nicht gestört, was die Sämlinge sonst übel nehmen. Halte die Gefäße bei mindestens 16 °C. Die Keimung dauert 1–2 Wochen.

DIE PFLANZE RICHTIG PFLEGEN

1. Die Pflanzen wollen einen sonnigen, warmen Platz. Später setzt man sie in ein mittelgroßes Gefäß (Volumen 7,5 Liter). Zum Fruchten braucht es viele Wochen bei Tagestemperaturen von mindestens 25 °C, dazu gleichmäßige Feuchtigkeit und regelmäßige Düngung.

2. Wenn die Jungpflanze mindestens drei Paar Blätter hat, zwickst Du die Triebspitze und das oberste Blattpaar aus, damit sich Seitentriebe bilden. Entferne davon wieder die Triebspitzen, bis sich acht Triebe gebildet haben.

3. Binde die Triebe an Stützen und stütze reifende Früchte zum Beispiel mit alten Strumpfhosen.

TIPPS

AUSSAAT: IM HAUS
KULTUR: IM HAUS
MINDESTTEMPERATUR: 16 °C
ENDGRÖSSE: 2 M

ZITRUSGEWÄCHSE

Citrus-Arten

SCHWIERIGKEITSGRAD: GEDULD: WUCHSFORM: BAUM/STRAUCH, MEHRJÄHRIG

Zitrusbäume sind wunderbare Zimmer- oder Terrassenpflanzen. Sie besitzen glänzende immergrüne Blätter und stark duftende Blüten. Der April ist zum Aussäen ideal, man kann es aber ganzjährig versuchen.

DAS BRAUCHST DU

- Zitrusfrucht (Zitrone, Orange, Limette, Grapefruit usw.)
- Kleine Töpfe (9 cm) oder Anzuchtsystem mit Substrat
- Plastikbeutel oder Abdeckhaube für die Aussaatschale

SO GEHT'S

1. Wasche die herausgenommenen Kerne, verwende nur ganze, falls die Frucht in der Mitte durchgeschnitten wurde. Lege die Kerne einzeln in Zellen eines Anzuchtsystems ab oder achte auf Abstand im Topf oder in der Aussaatschale. Manche Kerne zeichnen sich durch eine Eigenschaft aus, die man Polyembryonie nennt. Das bedeutet, dass aus einem Samen mehrere Triebe beziehungsweise Pflanzen auswachsen. Mindestens einer davon hat die gleichen genetischen Eigenschaften wie die Mutterpflanze. Doch leider weiß man das erst, wenn die Pflanze selber Früchte gebildet hat (das kann bis zu 6 Jahre dauern). Es lohnt sich jedoch, alle Pflanzen so lange aufzuheben. Sät man die Kerne einzeln aus, erkennt man sicher, welche davon die Eigenschaft der Polyembryonie aufweisen.

2. Stelle den Topf in eine Tüte und verschnüre diese oben oder bedecke die Aussaatschale. Halte das Substrat dauerhaft feucht und sorge für Temperaturen von 16–21 °C. Die Keimung dauert 2–8 Wochen.

3. Wenn die ersten Sprosse erscheinen, entfernst Du die Tüte und hältst die Pflanzen an einem warmen Platz. Polyembryonische Sämlinge werden sorgfältig abgesondert und in eigene Töpfe gesetzt, sobald sie mindestens vier Blätter haben.

TIPPS

AUSSAAT: IM HAUS
KULTUR: IM HAUS/IM FREIEN
MINDESTTEMPERATUR: 6 °C
ENDGRÖSSE: 1–2 M

ZITRUSGEWÄCHSE
Fortsetzung

DIE PFLANZE RICHTIG PFLEGEN

1 Zitrusgewächse wollen viel Licht. Stelle sie daher an einen sonnigen Platz. Reinige die Blätter regelmäßig. Im Sommer stehen die Pflanzen gern im Freien, doch im Winter bringt man sie besser ins Haus. Sie brauchen Schutz vor Frost, kalten Winden, kaltem Luftzug und sollten nicht bei Temperaturen unter 6 °C stehen. Wenn sie zu blühen beginnen, brauchen sie etwa 6 Monate lang Temperaturen über 13 °C, um Früchte auszubilden.

2 Topfe die Pflanzen bei Bedarf um. Den Gewächsen behagt es, wenn das Substrat zwischen den Wassergaben fast austrocknet. Das ist besser, als wenn es ständig feucht ist. Lass das Substrat jedoch nicht mehr völlig austrocknen, wenn die Pflanzen Früchte ansetzen. Das könnte zum Abfallen der Früchte führen.

3 Zitrusgewächse verzweigen sich von Natur aus. Sie brauchen selten einen Formschnitt. Sie wachsen langsam, der Jahreszuwachs liegt je nach Topf und Düngergaben bei rund 30 cm. Die Pflanzen können ziemlich groß werden, sodass man ältere zurückschneiden muss, damit sie die Größe behalten.

4 Noch besser sieht ein Hochstämmchen aus: Eine Kugel aus Trieben mit grünen Blättern steht dann über einem 50–75 cm hohen Stamm. Leite die Jungpflanze an einem Stab nach oben, bis sie die gewünschte Höhe erreicht hat. Belasse während der ersten beiden Jahre die Seitentriebe, aber entferne sie dann – nur die an der Spitze bleiben. Den Stamm muss man so lange stützen, bis er das Gewicht des Blattwerks tragen kann. Von Zitrusgewächsen kann man Stecklinge schneiden (siehe Seite 136–137).

PASSIONSFRUCHT

Passiflora edulis

SCHWIERIGKEITSGRAD: ● GEDULD: ●● WUCHSFORM: RANKEND, MEHRJÄHRIG

Diese schönen Kletterpflanzen haben üppiges Laub, Ranken und prächtige Blüten. Manche Formen gedeihen gut im Freien, doch die Art, die essbare Früchte hervorbringt, muss frostfrei stehen. Man kann die Pflanzen für eine Kultur im Zimmer schneiden, erwachsene Exemplare brauchen jedoch viel Platz. Ideal ist April für die Aussaat, man kann es ganzjährig versuchen.

DAS BRAUCHST DU

- Passionsfrucht (Maracuja)
- Kleine Schüssel
- Sieb
- Küchenpapier
- Kleinen Topf (9 cm) mit Substrat

TIPPS

AUSSAAT: IM HAUS
KULTUR: IM HAUS
MINDESTTEMPERATUR: 10 °C
ENDGRÖSSE: 6 M

SO GEHT'S

1. Die Kerne der Passionsfrucht müssen im Fruchtsaft gären, damit sie zur Keimung kommen. Am einfachsten erreicht man das, wenn man die Frucht bis auf die Hälfte ihrer Größe einschrumpfen lässt, während sie innen noch feucht ist.

2. Um die Kerne aus den sie umschließenden Safttröpfchen herauszuholen, drückst Du sie in einem Küchenpapier aus. Auf diese Weise spritzt der Saft nicht so. Wasche die Samen in einem Sieb, trockne sie auf einem Teller.

3. Du kannst auch eine reife Frucht aufschneiden und in eine kleine Schüssel löffeln. Lass alles an einem warmen Platz für ein paar Tage stehen, damit die Samen vergären (lege einen Deckel drauf, weil es übel riecht).

4. Gieß den oberen Teil des Matsches vorsichtig ab, sodass ein Großteil der Kerne in der Schüssel bleibt. Gib sie in ein Sieb und spüle unter fließendem Wasser die Safttröpfchen ab. Lass die Samen auf einem Teller trocknen.

5. Sobald die Samen trocken sind, sät man in Töpfe mit feuchtem Substrat aus. Bei 20–25 °C keimen sie innerhalb von 2–4 Wochen.

DIE PFLANZE RICHTIG PFLEGEN

1. Setze die Sämlinge um, sobald sie 20–30 cm hoch sind. Gib ihnen als Stütze Bambusstäbe, ein Spalier oder Spanndrähte. Der Endtopf sollte einen Durchmesser von mindestens 35 cm haben.

2. Die Pflanzen kannst Du nach der Blüte gut auf ein Grundgerüst einzelner Triebe zurückschneiden: Kürze alle Seitentriebe ein, lass dabei ein Stück mit zwei Blättern am Haupttrieb stehen. Den Haupttrieb kannst Du etwa um ein Drittel einkürzen.

3. Von der Passionsblume kann man zwischen Frühjahr und Spätsommer Stecklinge schneiden (siehe Seite 136–137).

LITSCHI

Litchi chinensis

SCHWIERIGKEITSGRAD: GEDULD: WUCHSFORM: BAUM, MEHRJÄHRIG

Die Litschi wächst zu einem immergrünen Baum heran. Ihre jungen Blätter sind orangefarben bis rötlich. Bis die Litschi zu groß wird, ist sie eine klasse Zimmerpflanze. Ideal ist der März für die Aussaat – es geht auch ganzjährig.

DAS BRAUCHST DU

- Litschi
- Kleine Töpfe (9 cm)
- Substrat, am besten Rhododendronerde

SO GEHT'S

1. Wenn sich die warzige Frucht stumpfbraun verfärbt hat, entfernst Du vorsichtig die dünne Schale und löst das Fruchtfleisch vom glänzenden Kern ab. Wasch ihn und säe so bald wie möglich aus, er hält sich nicht lange.

2. Setze ihn in einen mit feuchter Erde gefüllten Topf, den Du bei 21 °C bis zur Keimung aufstellst. Das Substrat darf nicht austrocknen. Die Keimung dauert 2–3 Wochen. Litschis wollen leicht saure Erde, daher eignet sich Rhododendronerde. Leitungswasser erhöht den Kalkgehalt, nimm daher besser Regenwasser mit neutraler Reaktion.

3. Sobald der Austrieb erscheint, dürfen die Sämlinge nicht mehr im direkten Sonnenlicht stehen.

DIE PFLANZE RICHTIG PFLEGEN

1. Topfe bei Bedarf um, weiterhin in Rhododendronerde, der Du etwas Feinsplitt beimengen solltest, damit das Wasser gut abzieht. Die Pflanze gedeiht bei Zimmertemperatur, an einem offenen, sonnigen Platz.

2. Das Wachstum verlangsamt sich im Winter, dann brauchen die Pflanzen etwas weniger Wasser.

3. Behalte die Pflanze, solange sie genug Platz bei Dir hat (es dauert etwa 3 Jahre, bis sie 2 m hoch ist).

TIPPS

AUSSAAT: IM HAUS
KULTUR: IM HAUS
MINDESTTEMPERATUR: 15 °C
ENDGRÖSSE: 2 M

KAPSTACHELBEERE

Physalis peruviana

SCHWIERIGKEITSGRAD: GEDULD: WUCHSFORM: BUSCHIG, EIN- ODER MEHRJÄHRIG

Die goldgelben Früchte der Kapstachelbeere entwickeln sich in kleinen papierartigen Laternen an den buschigen Pflanzen. Obwohl es sich um eine mehrjährige Pflanze handelt, wird sie im Freien als einjährige Kultur gezogen, die im Spätsommer und Herbst viele Früchte trägt. Ideal ist der März für die Aussaat, man kann es aber ganzjährig versuchen.

DAS BRAUCHST DU

- Kapstachelbeere
- Kleine Schüssel und einen Holzlöffel
- oder ein Sieb und ein Stück Tuch
- Kleinen Topf (9 cm) mit Substrat
- Plastikbeutel und Schnur

TIPPS

AUSSAAT: IM HAUS
KULTUR: IM HAUS/IM FREIEN
MINDESTTEMPERATUR: 1 °C
ENDGRÖSSE: 1,2 M

SO GEHT'S

1. Die zahlreichen Samen der Kapstachelbeere kann man auf zwei verschiedene Weisen gewinnen. Entferne zunächst die äußere Hülle um die Frucht.

2. Gib die Frucht (die Früchte) in eine kleine Schüssel und zerdrücke alles mit einem Holzlöffel. Füge Wasser hinzu und lass alles für 1–2 Stunden stehen. Das Fruchtfleisch schwimmt oben auf, die Kerne sinken zu Boden. Gieße Wasser und Fruchtfleisch vorsichtig ab.

3. Du kannst auch die Frucht halbieren und durch ein Sieb mit einer Tucheinlage quetschen. (Die Kerne sind nämlich so klein, dass sie durch die Maschen des Siebs flutschen.) Leichter gelingt das unter fließendem Wasser.

4. Nimm die Kerne aus der Schüssel oder vom Stoff und lass sie auf einem Teller trocknen, dann kann man sie besser handhaben. Säe die Samen in einen Topf mit vorgewässertem Substrat und bedecke sie nur so gerade eben, denn sie wollen Licht zum Keimen. In einem verschnürten Plastikbeutel bleibt das Substrat feucht.

5. Bei 15–18 °C keimen die Samen innerhalb von 2–3 Wochen. Entferne die Tüte, sobald ein Spross erscheint.

DIE PFLANZE RICHTIG PFLEGEN

Die Sämlinge kann man umtopfen oder in den Garten setzen, sobald sie etwa fünf Blätter haben. Stütze sie mit Stäben. Wenn keine Spätfrostgefahr mehr besteht, kannst Du die Pflanzen im Freien an einen sonnigen Platz stellen. Die Triebspitzen kann man falls gewünscht auszwicken, damit sich eine buschigere Pflanze entwickelt.

PAPAYA

Carica papaya

SCHWIERIGKEITSGRAD: ● GEDULD: ● WUCHSFORM: STRAUCH, MEHRJÄHRIG

Papayas bringen eine hohe Samenausbeute. Die Pflanzen sehen mit dem hohen Stamm und dem Blattbüschel an der Spitze ein wenig wie Palmen aus. Sie wachsen sehr schnell und benötigen sehr viel Wasser. Ideal ist der April für die Aussaat, Du kannst jedoch ganzjährig aussäen.

DAS BRAUCHST DU

- Papaya
- Küchenpapier
- Sieb
- Kleinen Topf (9 cm) mit Substrat
- Plastikbeutel und Schnur

SO GEHT'S

1. Schneide die Papaya auf und löffle einige Kerne auf ein Stück Küchenpapier. Drücke jeden Kern einzeln, um den Samen aus dem umgebenden Saftsack zu drücken. Wasche die Kerne in einem Sieb. Man kann sie ein paar Tage lang im Kühlschrank zwischen feuchtem Küchenpapier aufbewahren oder man sät sofort aus.

2. Lege die Samen in einen Topf mit vorgewässertem Substrat. Gib dann den ganzen Topf in eine Plastiktüte, die Du oben verschnürst. Stelle ihn auf einen Untersetzer neben einem Heizkörper auf oder in einem beheizten Vermehrungskasten (hier ohne die Tüte). Für die Keimung ist eine Temperatur von 24–30 °C notwendig.

3. Entferne die Tüte, wenn sich Sprosse zeigen (nach 2–4 Wochen). Die Sämlinge wachsen schnell. Sie wollen viel Sonnenlicht und Wärme, brauchen aber keine so hohen Temperaturen mehr. Sie sind anfällig für Pilzkrankheiten, mache daher die Blätter beim Gießen nicht nass.

TIPPS

AUSSAAT: IM HAUS
KULTUR: IM HAUS
MINDESTTEMPERATUR: 13 °C
ENDGRÖSSE: 3,5 M

DIE PFLANZE RICHTIG PFLEGEN

Topfe die Pflänzchen direkt in den Endtopf um (je nachdem, wie groß die Pflänzchen werden dürfen), sie mögen nämlich keine Störung. Stelle sie an einen warmen Platz in hellem Sonnenlicht. Halte das Substrat feucht und dünge reichlich. Schneiden muss man die Pflanzen nicht.

MANGO

Mangifera indica

SCHWIERIGKEITSGRAD: GEDULD: WUCHSFORM: BAUM, MEHRJÄHRIG

Der Mangokern ist in der Verarbeitung ziemlich schwierig. Dennoch wächst die Pflanze gut im Topf. Ihre hübschen jungen Triebe wechseln die Farbe von Rot über Rosa nach Kupferbraun, bis sie grün werden. Ideal ist der März für die Aussaat, Du kannst es aber ganzjährig versuchen.

DAS BRAUCHST DU

- Mango
- Scharfes Messer
- Drahtwolle oder Draht-Geschirrbürste
- Schere (für Methode 2)
- Marmeladenglas oder anderes Glas
- Mittelgroßen Topf (11 cm) mit Substrat
- Plastikbeutel und Schnur

SO GEHT'S – METHODE 1

1. Entferne den Kern aus der Frucht. Wasche, schabe oder bürste das Fruchtfleisch ab – die Hülle ist dann immer noch borstig. Ab jetzt gibt es zwei Möglichkeiten: Du kannst den intakten Stein pflanzen oder Du holst den eigentlichen Samen daraus hervor (siehe Methode 2).

2. Bleibt der Samen in der Schale, machst Du an seinem flachen Ende seitlich eine Kerbe hinein, damit Wasser eindringen kann. Lege den Stein in ein Gefäß mit Wasser, das Du 2 Wochen lang bei 21 °C aufstellst. Wechsle das Wasser täglich. Hole dann den Stein heraus und pflanze ihn ein. Hat er noch keinen Spross gebildet, umhülle den Topf mit einer Plastiktüte, bis es so weit ist. Achte darauf, dass die Erde immer feucht bleibt.

TIPPS

AUSSAAT: IM HAUS
KULTUR: IM HAUS
MINDESTTEMPERATUR: 20 °C
ENDGRÖSSE: 2 M

MANGO

Fortsetzung

SO GEHT'S – METHODE 2

❶ Als Alternative dazu lässt Du den gereinigten Stein über Nacht trocknen. Mit einer stabilen Schere schneidest Du ein dreieckiges Loch am Rand des flachen Endes, so groß, dass man eine Messerspitze hineinstecken kann. Schiebe das Messer vorsichtig in die Hülle, um sie aufzubrechen, ohne den Samen darin zu beschädigen. Hole ihn heraus, pflanze ihn in einen Topf mit vorgewässertem Substrat und umhülle alles mit einer Tüte.

❷ Halte den verpackten Topf bei 21 °C, bis der Austrieb erscheint – und das kann bis zu 2 Monate dauern. Kontrolliere daher regelmäßig, ob das Substrat noch feucht ist. Ist es dann so weit, stellst Du den Topf an einem hellen Platz auf. Den Sämlingen behagt direktes Sonnenlicht nicht, sie müssen sich auch erst an die trockenere Luft außerhalb der Tüte gewöhnen. Entferne die Tüte zunächst nur für einige Stunden am Tag und erhöhe dann die Zeitspanne, in der die Sämlinge an der Luft sind.

DIE PFLANZE RICHTIG PFLEGEN

❶ Topfe die Pflanzen anfangs nach Bedarf um und später jährlich, sobald sie ihren Endtopf erreicht haben. Sie lieben saure Bedingungen, verwende daher nach Möglichkeit Rhododendronerde. Sorge für einen hellen, warmen Platz abseits der prallen Sonne. Mangos mögen eine kaliumbetonte Düngung im Sommer, im Winter brauchen sie wenig Wasser.

❷ Ein Schnitt fördert einen buschigen Wuchs: Entferne bei einjährigen Pflanzen die Mittelknospe beziehungsweise die obersten Blätter. Zwicke dann immer wieder Triebspitzen aus, damit sich die Pflanzen verzweigen und ihre Größe beschränkt bleibt.

KIWI

Actinidia deliciosa

SCHWIERIGKEITSGRAD: GEDULD: WUCHSFORM: KLETTERND, MEHRJÄHRIG

Die Kiwi ist eine dekorative Kletterpflanze, die gerne an einem Zaun oder an einem Rankgerüst im Garten entlangrankt. Du kannst sie auch im Haus in einem Topf mit Spalier ziehen. Dann muss man sie schneiden, damit sie nicht zu groß wird. Ideal ist März für die Aussaat, es geht aber auch ganzjährig.

DAS BRAUCHST DU

- Kiwi
- Sieb
- Kleinen Topf (9 cm) mit Substrat
- Plastikbeutel und Schnur

TIPPS

AUSSAAT: IM HAUS
KULTUR: IM HAUS/IM FREIEN
MINDESTTEMPERATUR: −8 °C
ENDGRÖSSE: 2 M+

SO GEHT'S

1 Löffle ein paar der Kerne in ein Sieb und wasche das Fruchtfleisch ab. Lass sie auf einem Teller trocknen und bewahre sie dann in einer Kunststofftüte oder in einem Gefäß 40 Tage im Kühlschrank auf.

2 Säe in einen Topf mit vorgewässertem Substrat aus. Stecke den ganzen Topf in einen Plastikbeutel, den Du oben verschnürst. Stelle ihn an einen warmen Platz – eine sonnige Fensterbank mit Zimmertemperatur genügt. Prüfe täglich, ob das Substrat nicht austrocknet. Gieße bei Bedarf, bis sich der Austrieb zeigt, dann wird die Tüte entfernt. Die Keimung dauert ein paar Wochen.

3 Die Sämlinge gedeihen, bis man sie umtopfen muss, gut auf einer sonnigen Fensterbank. Sie sind dann etwa 5 cm hoch.

DIE PFLANZE RICHTIG PFLEGEN

1 Topfe je nach Bedarf um und stütze die Pflanze mit Stäben, Stangenzelt oder Spanndrähten. Sie wächst in der Sonne oder im Halbschatten. Willst Du sie in den Garten pflanzen, richtest Du zuerst die Spanndrähte als Rankhilfe her. Du kannst die Kiwi einpflanzen, sobald sie etwa 30 cm hoch ist. Du solltest sie vorher abhärten.

2 Man schneidet die Seitentriebe jedes Asts bis auf etwa fünf Blätter zurück. Die Spitze wird entfernt, wenn der Trieb das Drahtende erreicht hat. Ausführlichere Informationen zum Schneiden und zur Erziehung findest Du in der weiterführenden Literatur auf Seite 140.

3 Kiwipflanzen kann man über Stecklinge weitervermehren (siehe Seite 136–137).

GRANATAPFEL

Punica granatum

SCHWIERIGKEITSGRAD: **GEDULD:** **WUCHSFORM:** BAUM/STRAUCH, MEHRJÄHRIG

Der Granatapfel ergibt eine super Zimmerpflanze, vor allem weil er keine so hohe Luftfeuchtigkeit benötigt wie anderes exotisches Obst. Granatapfelbäume können bis zu 5 m hoch werden, man kann sie aber gut schneiden. Ideal ist der März für die Aussaat, sie ist jedoch ganzjährig möglich.

DAS BRAUCHST DU

- Granatapfel
- Küchenpapier
- Sieb
- Kleinen Topf (9 cm) mit Substrat
- Plastikbeutel und Schnur

TIPPS

AUSSAAT: IM HAUS
KULTUR: IM HAUS/IM FREIEN
MINDESTTEMPERATUR: 0 °C
ENDGRÖSSE: 2 M

SO GEHT'S

1. Lass Deine Granatapfelfrucht noch etwa 2 Wochen über den normalen Zeitpunkt des Verzehrs liegen und nachreifen. Dann ist ihre Schale hart und faltig und die Samen sind am ehesten reif.

2. Schneide die Frucht auf und löffle ein paar der Samen mit dem roten, saftigen Samenmantel heraus. Nimm nur ganze und drücke sie einzeln auf einem Küchenpapier aus, um die cremefarbenen Samen herauszuquetschen. Durch Waschen entfernst Du alle Spuren des Fruchtfleischs. Am einfachsten geht das unter fließendem Wasser. Lege ein Sieb darunter, damit die Kerne nicht fortgespült werden, falls sie herunterfallen. Säe die Samen gleich aus oder trockne sie und bewahre sie auf, um sie später auszusäen.

3. Lege die Kerne in einen Topf mit vorgewässerter Erde. Stelle den Topf in einen Plastikbeutel und verschnüre diesen. Stelle ihn an einen warmen Platz (21 °C). Ideal ist ein wenig Wärme von unten durch einen Heizkörper oder (ohne die Tüte) in einem beheizten Vermehrungskasten. Die Keimung dauert nur 5–10 Tage.

4. Sobald sich ein Austrieb zeigt, entfernst Du die Tüte. Der Topf kommt auf eine warme, sonnige Fensterbank. Halte das Substrat feucht.

DIE PFLANZE RICHTIG PFLEGEN

❶ Wenn sie etwa 10 cm hoch sind, topft man die Jungpflanzen um, danach wird nach Bedarf umgetopft. Das Auszwicken der Triebspitzen bewirkt einen strauchigen Wuchs, durch Schnitt bleibt die Pflanze in Form. Gib ihr einen hellen Platz bei Zimmertemperatur, obwohl sie kühlere Bedingungen verträgt.

❷ Granatapfelbäume kannst Du auch über Stecklinge vermehren (siehe Seite 136–137).

DATTEL

Phoenix dactylifera

SCHWIERIGKEITSGRAD: GEDULD: WUCHSFORM: PALME, MEHRJÄHRIG

Die kleinen Dattelpalmen wachsen langsam, deshalb können sie jahrelang im Zimmer stehen. Entscheidend ist, dass Du frische, nicht getrocknete Datteln nimmst. Sie dürfen weder geschwefelt noch erhitzt worden sein. Ideal ist der März für die Aussaat, Du kannst es jedoch ganzjährig versuchen.

DAS BRAUCHST DU

- Datteln
- (Marmeladen-)Glas
- Plastikbeutel und Schnur
- Substrat
- Kleinen Topf (9 cm) (später)

TIPPS

AUSSAAT: IM HAUS
KULTUR: IM HAUS
MINDESTTEMPERATUR: 16 °C
ENDGRÖSSE: 1,5 M

SO GEHT'S

1. Hol den Kern aus der von oben nach unten aufschlitzten Dattel heraus und wasche ihn gut ab.

2. Dattelkerne haben eine harte Schale. Weiche sie 48 Stunden lang in einem Glas Wasser ein. Oder Du lässt die Kerne nach dem Waschen trocknen und raust dann die Oberfläche des Kerns mit Sandpapier auf.

3. Gib eine Lage feuchtes Substrat in eine Plastiktüte, lege die Kerne darauf. Bedecke sie mit Substrat und stell die verschlossene Tüte warm und dunkel auf.

4. Kontrolliere täglich auf Anzeichen von Wachstum, halte das Substrat feucht, aber nicht nass. Zuerst erscheinen die Wurzeln, 3–6 Wochen danach das Keimblatt.

DIE PFLANZE RICHTIG PFLEGEN

1. Sobald sich ein Austrieb zeigt, hole den Kern aus der Tüte und pflanze ihn in einen kleinen Topf mit Substrat. Der Kern sollte dabei 2–3 cm mit Erde bedeckt sein.

2. Stelle die Pflanze auf eine warme, sonnige Fensterbank, geschützt vor kaltem Luftzug. Übergieße nicht, besonders nicht im Winter. Topfe nach Bedarf in einen nur einen Tick größeren Topf um. Ein Schnitt erübrigt sich.

DRACHENFRUCHT (PITAYA)

Hylocereus undatus

SCHWIERIGKEITSGRAD: 💧💧 GEDULD: 💧💧 WUCHSFORM: KLETTERNDER KAKTUS, VERZWEIGT, MEHRJÄHRIG

Die exotische Drachenfrucht ist schon ungewöhnlich: Die eiförmigen schuppigen, rosa Früchte entwickeln sich auf einem dornenlosen Kaktus. Beeindruckend sind die riesigen, auffälligen, duftenden Blüten, die in der Natur bis zu 30 cm im Durchmesser erreichen. Sie öffnen sich nur in der Nacht. Ideal ist der März für die Aussaat, man kann es ganzjährig versuchen.

DAS BRAUCHST DU

- Drachenfrucht
- Sieb und Stück Tuch
- Teller
- Kleinen Topf (9 cm)
- Substrat-Sand-Mischung oder Kakteenerde
- Plastikbeutel und Schnur

SO GEHT'S

1. Teile die Drachenfrucht und entferne das Fruchtfleisch von den winzigen Kernen. Löffle dazu ein wenig Fruchtfleisch heraus und drücke es durch ein Sieb mit einer Tucheinlage. Unter fließendem Wasser trennst Du die Kerne vom Fleisch. Kratze sie heraus und lass sie auf einem Teller trocknen.

2. In der Zwischenzeit bereitest Du Topf und Substrat vor. Spezielle Kakteenerde kann man in Gartencentern und Gartenmärkten kaufen. Du kannst eine kleine Menge selbst herstellen, indem Du Universalerde mit Grobsand oder Feinsplitt im Verhältnis 50 : 50 mischst. Fülle den Topf mit der Erde – lass einen Gießrand von 1 cm – und wässere dann.

3. Drücke die Kerne oben in das Substrat ein, bedecke sie aber nicht mit Erde. Gib den Topf in eine Plastiktüte und verschnüre sie (oder verwende einen beheizten Vermehrungskasten). Stelle ihn an einem hellen, sonnigen Platz bei 18–21 °C auf. Falls die Substratoberfläche austrocknet, befeuchte sie mit einer Sprühflasche.

4. Die Kerne sollten innerhalb von 2–4 Wochen keimen. Entferne danach die Tüte.

DIE PFLANZE RICHTIG PFLEGEN

1. Setze jede Pflanze in einen eigenen Topf und topfe sie nach Bedarf um. Einmal eingewachsen, kommen sie mit normalem Substrat zurecht, sofern es nicht nass ist. Der Kaktus besitzt lange, dünne Triebe, die entweder über den Topfrand hängen oder durch einen Stock gestützt werden. Du kannst die Triebe schneiden, wenn sie oben angelangt sind, oder Du lässt sie einfach überhängen.

2. Stelle die Pflanze warm und hell auf.

TIPPS

AUSSAAT: IM HAUS
KULTUR: IM HAUS
MINDESTTEMPERATUR: 18 °C
ENDGRÖSSE: 1 M

WEINTRAUBEN

Vitis vinifera

SCHWIERIGKEITSGRAD: 2 GEDULD: 3 WUCHSFORM: RANKEND, MEHRJÄHRIG

Die Kultur von Weinreben ist trickreich, doch die Früchte enthalten so viele Kerne, dass sich ein Versuch lohnt. In der Natur keimen die Samen nach einem langen, kalten Winter, den man simulieren muss. Im Idealfall sät man im Oktober oder November und lässt die Saat den Winter über im Freien. Das ganze Jahr über kannst Du die Samenruhe im Kühlschrank brechen.

DAS BRAUCHST DU

- Trauben
- Sieb
- (Marmeladen-)Glas
- Kleinen Topf (9 cm) oder Schale mit Substrat
- Plastikbeutel und Schnur oder Haube

SO GEHT'S

1. Wasche die Kerne in einem Sieb, und lass sie sich dann für 24 Stunden in einem Wasserglas vollsaugen.

2. Säe in einen Topf oder in eine Schale mit vorgewässerter Erde aus. Stelle das Gefäß in eine Plastiktüte, verschnüre diese. Oder stülpe eine Haube über die Schale, so bleibt das Substrat feucht. Stelle es – den Winter über – nach draußen oder im Kühlschrank für 6 Wochen auf. Die Kerne müssen immer 1–3 °C haben. Gieße bei Bedarf.

3. Sobald der (simulierte) Winter vorbei ist, kommt die Aussaat ins Warme. Es reichen 18–20 °C Zimmertemperatur wie auf einer sonnigen Fensterbank. Die Kerne müssten nach 2–3 Wochen keimen, manche kommen schneller, andere brauchen länger oder keimen gar nicht.

DIE PFLANZE RICHTIG PFLEGEN

1. Setze jeden Sämling in einen eigenen kleinen Topf und stelle ihn an einen sonnigen Platz (der Raum kann im Winter ruhig kühler sein). Die Pflanzen brauchen nicht viel Wasser, besonders nicht im blattlosen Stadium zur Ruhezeit. Sie können ein Jahr lang im selben Topf bleiben.

2. Lenke die Triebe entlang von Spanndrähten oder an einem Rankgerüst. Schneide im Winter stark zurück.

TIPPS

AUSSAAT: IM HAUS/IM FREIEN
KULTUR: IM HAUS/IM FREIEN
MINDESTTEMPERATUR: –10 °C
ENDGRÖSSE: 1,5 M+

OLIVEN

Olea europaea

SCHWIERIGKEITSGRAD: ●●● GEDULD: ●●● WUCHSFORM: BAUM/STRAUCH, MEHRJÄHRIG

Mit ein wenig Geduld wächst ein Olivenbäumchen heran. Verwende frische Oliven, die keine Behandlung erfahren haben. Notfalls kannst Du es mit in Öl eingelegten Oliven versuchen (Salz aus einer Lake tötet den Keimling ab). Im Idealfall sät man im Spätherbst aus und lässt die Aussaat im Winter im Freien. Die Keimruhe kannst Du ganzjährig im Kühlschrank brechen.

DAS BRAUCHST DU

- Oliven
- Marmeladenglas
- Sandpapier
- Kleinen Topf (9 cm) mit Substrat
- Netz und Gummiring für Töpfe, die im Freien stehen

TIPPS

AUSSAAT: IM HAUS
KULTUR: IM HAUS/IM FREIEN
MINDESTTEMPERATUR: –10 °C
ENDGRÖSSE: 1,5 M+

SO GEHT'S

1. Oliven aus Kernen zu ziehen, ist nicht ganz leicht, denn sie haben zwei Ruhemechanismen, die man beide brechen muss, damit es zur Keimung kommt. Die harte Samenschale unterbindet das Eindringen von Wasser, und Substanzen innerhalb der Samenhülle verhindern die Keimung.

2. Reinige die Kerne von allen Fruchtfleischresten und lege sie für 20 Tage in ein Glas mit Wasser. Wirf alle Kerne weg, die obenauf schwimmen – sie sind nicht lebensfähig. Wechsle das Wasser alle 3 Tage. In den eingeweichten Kern dringt allmählich Wasser ein.

3. Trockne jetzt die Kerne. Reibe sie rundherum mit Sandpapier ab. Reibe nicht zu viel weg – es geht nur darum, die keimhemmenden Substanzen auf der Außenschale zu beseitigen.

4. Säe in einem Topf mit vorgewässertem Substrat aus. Er muss für 2–3 Monate kalt stehen. Steht er draußen, bedeckst Du die Oberfläche mit einem Netz, das Du mit einem Gummiring befestigst. Gieße bei Bedarf.

5. Stell den Topf bei Zimmertemperatur auf. Bis zur Keimung vergehen immer noch bis zu 2 Monate.

DIE PFLANZE RICHTIG PFLEGEN

1 Topfe je nach Bedarf um, bis die Topfgröße erreicht ist, für die der Platz im Haus oder im Garten noch ausreicht. Bei der Pflanze im Endtopf entfernst Du jährlich die Triebspitzen, um ihre Größe zu beschränken. Oliven können an einem milden Standort draußen überwintern, die Wurzeln dürfen aber nicht zu nass stehen. Während der kältesten Monate ist Winterschutz erforderlich.

2 Von Olivenbäumchen kann man Stecklinge abnehmen (siehe Seite 136–137).

FEIGE

Ficus carica

SCHWIERIGKEITSGRAD: ●●● GEDULD: ●●● WUCHSFORM: BAUM/STRAUCH, MEHRJÄHRIG

Feigen lassen sich ziemlich zügig heranziehen, falls Du geeignete Samen dafür hast. Die Sorten 'Smyrna' oder 'Calimyrna' haben am ehesten Samen, aus denen man Feigenbäumchen ziehen kann. Man zieht sie am besten im Topf, denn das Wachstum ihres Wurzelwerks sollte begrenzt werden. Ideal ist der April für die Aussaat, es geht auch ganzjährig.

DAS BRAUCHST DU

- Feigen
- Kleine Schüssel
- Schaumlöffel oder Gabel
- Kleinen Topf (9 cm) mit Substrat
- Plastikbeutel und Schnur

TIPPS

AUSSAAT: IM HAUS
KULTUR: IM HAUS/IM FREIEN
MINDESTTEMPERATUR: –10 °C
ENDGRÖSSE: 1,5 M+

SO GEHT'S

1. Kratze Fruchtfleisch mit Kernen in eine Schüssel und gib Wasser hinzu. Zerdrücke das Fleisch und lass alles für etwa eine Stunde stehen, bis das Fruchtfleisch an die Wasseroberfläche steigt und die Samen zu Boden sinken.

2. Schöpfe alle Pflanzenteile, die oben schwimmen, mit einem Schaumlöffel oder einer Gabel ab und wirf sie weg. Gieße das Wasser vorsichtig ab, der Rest von Samen und Fruchtfleisch bleibt in der Schüssel. Gib etwas mehr Wasser hinzu und lass alles eine Nacht lang stehen.

3. Bis zum nächsten Morgen hat sich das verbliebene Fruchtfleisch von den Kernen gelöst und treibt obenauf. Die Kerne liegen unten in der Schüssel. Beseitige aber alle, die aufgeschwommen sind, sie sind nicht keimfähig.

4. Säe die Kerne in einen Topf mit schon feuchtem Substrat, stelle ihn in eine Plastiktüte, die Du oben verschnürst. Stelle die Tüte an einen warmen Platz (bei 18–21 °C), etwa auf eine sonnige Fensterbank. Kontrolliere täglich, ob das Substrat noch feucht ist und ob sich ein Austrieb zeigt. Bis zur Keimung kann es 2 Monate dauern.

5. Entferne die Tüte, sobald Du einen Austrieb siehst.

DIE PFLANZE RICHTIG PFLEGEN

❶ Die ausgewachsenen Pflanzen sind einigermaßen winterhart, doch junge Pflanzen sollte man vor Frost schützen, falls sie draußen stehen. Topfe die Jungpflanzen um, bis sie in einem Topf mit 30–40 cm Durchmesser stehen. Stelle sie an einen hellen oder sonnigen Platz.

❷ Feigen wachsen kräftig und brauchen einen jährlichen Schnitt. Erziehe sie am besten als vielästigen Strauch. Du kannst auch einen einzelnen Trieb aufrecht wachsen lassen, der dann oben als Hochstämmchen eine Krone entwickelt.

ERDNUSS

Arachis hypogaea

SCHWIERIGKEITSGRAD: ● **GEDULD:** ● **WUCHSFORM:** BUSCHIG, EINJÄHRIG

Aus Erdnüssen kleine Pflänzchen zu ziehen, macht sehr viel Spaß. Der Clou daran ist, dass Du später sogar eigene Erdnüsse ernten kannst. Nimm auf alle Fälle ungeröstete Erdnüsse, die noch in ihrer Hülse stecken. Verwende einen durchsichtigen Behälter, damit Du siehst, wie im Boden neue Früchte entstehen (daher der Name „Erdnuss"). Ideal ist der März für die Aussaat, man kann es jedoch ganzjährig versuchen.

DAS BRAUCHST DU

- Erdnüsse
- Marmeladenglas
- Messer oder flaches Werkzeug
- Mittelgroßen Topf (möglichst durchsichtig)
- Substrat

SO GEHT'S

1. Wähle Erdnüsse mit intakter Schale. War die Schale aufgebrochen, sind die Samen darin ausgetrocknet. Nimm keine trocken aussehenden und auseinandergebrochenen Nüsse. Man kann Erdnüsse gleich in ihrer Schale pflanzen, die Keimung verläuft aber schneller, wenn sie entfernt wurde.

2. Willst Du ungeschälte Erdnüsse pflanzen, drückst Du mit der Messerscheide oder einem anderen flachen Werkzeug auf die Schale, damit sie bricht. Dann kannst Du die Erdnüsse wie unten beschrieben einsetzen.

3. Oder Du knackst die Schalen und entfernst sie. Lege die Samen (meist sind es zwei pro Hülse) für 12 Stunden in ein Wasserglas ein. Wirf alle weg, die an der Wasseroberfläche schwimmen.

4. Lege die Samen in einen Topf mit vorgewässertem Substrat. Pflanze pro Topf nur 2–3 Samen ein, denn sie brauchen zum Wachsen viel Platz. Stell den Topf an einen warmen, sonnigen Platz (bei 21 °C) und kontrolliere täglich, ob Du gießen musst. Bis zur Keimung vergehen 2–3 Wochen.

DIE PFLANZE RICHTIG PFLEGEN

❶ Nach der Keimung suchst Du den kräftigsten Sämling pro Topf aus – kurz und fest ist besser als lang und dünn. Ziehe alle anderen heraus. Stelle den Topf an einen warmen, sonnigen Platz und sorge stets für feuchtes Substrat. Eine Düngung ist nicht notwendig.

❷ Die Blätter der Pflanze falten sich naturgemäß nachts zusammen. Schneiden muss man die Pflanzen nicht. Die bestäubten Blüten schwellen an und wachsen nach unten in Richtung Substrat. Versuche, sie an den Topfrand zu lenken, denn es wird sich unter der Oberfläche eine neue Erdnuss entwickeln. Diesen Vorgang kannst Du super beobachten, wenn Du einen durchsichtigen Kunststofftopf verwendet hast.

TIPPS

AUSSAAT: IM HAUS
KULTUR: IM HAUS
MINDESTTEMPERATUR: 16 °C
ENDGRÖSSE: 0,3–0,6 M

TOMATE

Lycopersicon esculentum

SCHWIERIGKEITSGRAD: ●● GEDULD: ● WUCHSFORM: BUSCHIG/KLETTERPFLANZE, EINJÄHRIG

Aus Kernen gezogene Tomatenpflanzen können viele Früchte tragen. Und diese Früchte weisen meist unterschiedliche Größen und Formen auf. Die Pflanzen wachsen entweder eintriebig als Rankpflanze oder sie entwickeln sich buschig verzweigt. Lange Stabtomaten muss man stützen. Wenn Du im Laden Tomaten kaufst, stammen diese fast ausschließlich von Stabtomaten. Bekommst Du Früchte von Freunden, frage nach den Ausgangspflanzen. Ideal ist der März für die Aussaat, Du kannst es ganzjährig versuchen.

DAS BRAUCHST DU

- Tomate
- Sieb
- Kleine Schüssel (alternativ)
- Kleinen Topf (9 cm) mit Substrat

SO GEHT'S

1. Das warme, feuchte Innere der Tomatenfrucht besitzt die idealen Bedingungen für die Keimung der Samen. Diese sind von einer gallertartigen Hülle umgeben, die eine Substanz zur Keimhemmung enthält. Damit die Samen keimen können, muss diese Hülle entfernt werden. Dafür gibt es zwei Verfahren.

2. Am einfachsten ist es, die Frucht über das normale Stadium, an dem man sie verzehrt, hinaus ausreifen zu lassen, aber nicht so lange, bis sie schimmelt. Löffle Saft und Kerne aus der Frucht heraus in ein Sieb und wasche alle Reste von Fruchtsaft und Gallerthülle sorgfältig ab. Lege die Samen zum Trocknen auf einen Teller.

3. Du kannst die Hülle auch vergären lassen. Gib Saft und Kerne in eine kleine Schüssel, ergänze Wasser in derselben Menge und lass alles 3 Tage lang stehen. Zweimal pro Tag rührst Du um. Auf der Mischung wird sich Schimmel bilden oder sie beginnt, Bläschen zu werfen. Gieß noch einmal so viel Wasser hinzu und rühre um. Keimfähige Samen sinken dann zu Boden, den Rest gießt Du ab. Gib noch zweimal Wasser dazu und rühre um. Siebe die Samen ab und lass sie auf einem Teller trocknen.

TIPPS

AUSSAAT: IM HAUS
KULTUR: IM HAUS/IM FREIEN
MINDESTTEMPERATUR: 10 °C
ENDGRÖSSE: 1,5 M

TOMATE

Fortsetzung

4 Die Samen kannst Du trocknen lassen, um sie später zu verwenden, oder Du säst sie sofort aus.

5 Lege die Samen in einen Topf mit vorgewässertem Substrat, den Du warm aufstellst, 20 °C wären ideal, doch es reicht, wenn die Temperatur über 15 °C liegt. Kontrolliere täglich, ob das Substrat noch feucht ist. Die Keimung dauert 1–2 Wochen.

DIE PFLANZE RICHTIG PFLEGEN

1 Topfe die Sämlinge nach Bedarf um und stelle die Jungpflanzen an einen sonnigen Platz, damit sie nicht staksig und schwach werden. Tomaten kann man im Sommer draußen wachsen lassen, vorausgesetzt sie wurden im Frühjahr gesät und sie können vor Anfang Herbst Früchte ansetzen. Du kannst sie ins Beet, in einen Topf (mit mindestens 23 cm Durchmesser) oder in einen Erdsack pflanzen. Sobald die Pflanzen zu blühen und fruchten beginnen, düngst Du sie mit kaliumbetontem Dünger (gemäß den Anweisungen auf der Packung).

2 Stabtomaten brauchen eine Stütze, vielleicht muss man sie anbinden. Die Triebspitze wird nicht entfernt, aber die Seitentriebe bricht man aus. Es soll sich ein einziger langer Trieb entwickeln, der Rispen mit Tomaten trägt. Sobald die Früchte reifen, entfernst Du alle Blätter unterhalb der untersten reifenden Rispe. Das setzt Du nach oben fort, damit Sonnenlicht die Reife fördern kann.

PAPRIKA UND CHILI

Capsicum annuum

SCHWIERIGKEITSGRAD: GEDULD: WUCHSFORM: BUSCHIG, EIN- ODER ZWEIJÄHRIG

Die Kerne von Paprika und Chili lassen sich leicht entnehmen. Ihre Anzucht verspricht die Ernte ungewöhnlicher Früchte. Trage bei der Ernte Gummihandschuhe, wenn es sich um eine scharfe Chili-Sorte handelt. Ideal für die Aussaat ist der April, es geht aber auch ganzjährig.

DAS BRAUCHST DU

- Paprika oder Chili
- Gummihandschuhe (für die Chilis)
- Kleinen Topf (9 cm) mit Substrat
- Plastikbeutel und Schnur

SO GEHT'S

1. Schneide eine Schote auf – trage dafür bei den Chilis als Schutz vor dem scharfen Öl Gummihandschuhe. Rubble die Samen von den weißen Scheidewänden auf einen Teller. Man kann sie sofort aussäen oder sie trocknen und später aussäen – verbrauche sie innerhalb eines Jahres.

2. Säe in einem Topf mit vorgewässertem Substrat aus. Gib ihn in eine Plastiktüte und verschnüre diese. Die Samen keimen bei 18–21 °C, doch bekommt ihnen etwas Wärme von unten gut. Stelle sie in einem Untersetzer auf eine Fensterbank über der Heizung. Halte das Substrat feucht. Die Keimung erfolgt nach 1–2 Wochen. Entferne danach die Tüte.

DIE PFLANZE RICHTIG PFLEGEN

1. Im Freien stehende Pflanzen brauchen Schutz vor Frost. Am besten säst Du im April im Haus aus. Die Sämlinge topfst Du nach Bedarf um. Stelle sie an einen sonnigen, warmen Platz. Nach draußen können die Pflanzen erst, wenn die Gefahr von Spätfrösten wirklich vorbei ist.

2. Halte das Substrat feucht. Mit Beginn der Blüten- und Fruchtbildung gibst Du kaliumbetonten Dünger. Bei Pflanzen im Haus fördert Besprühen die Bestäubung.

3. Große Pflanzen muss man stützen. Sie verzweigen sich von selbst, belasse die Triebspitze.

TIPPS

AUSSAAT: IM HAUS
KULTUR: IM HAUS/IM FREIEN
MINDESTTEMPERATUR: 10 °C
ENDGRÖSSE: 0,3–0,6 M

KÜRBISSE

Cucurbita-Arten

SCHWIERIGKEITSGRAD: 1 GEDULD: 1 WUCHSFORM: RANKEND, EINJÄHRIG

Wer schon einmal einen Halloween-Kürbis ausgekratzt hat, weiß, wie viele Kerne er enthält. An einem selbst gezogenen Sämling wird später irgendein Kürbis wachsen, dessen Form und Geschmack von seinen genetischen Eigenschaften abhängen: Er kann köstlich sein oder man nutzt ihn besser zum Schnitzen. Ideal ist der März für die Aussaat, ganzjährig geht es auch.

DAS BRAUCHST DU

- Riesen-, Sommer- oder Winterkürbis
- Kleine Töpfe (9 cm) oder Aussaatschale mit Topfplatte, mit Substrat gefüllt

TIPPS

AUSSAAT: IM HAUS
KULTUR: IM HAUS/IM FREIEN
MINDESTTEMPERATUR: 10 °C
ENDGRÖSSE: 2 M+

SO GEHT'S

1. Kratze die Kerne aus der Frucht heraus und wasche sie gut in einem Sieb. Reibe dabei kräftig, um alle Reste des Fruchtfleischs zu entfernen.

2. Säe in vorgewässerte Töpfe oder in Topfplatten, denn die Sämlinge vertragen keine Störungen im Wurzelbereich. Sorge für Temperaturen von mindestens 16 °C und halte das Substrat feucht. Die Keimung dauert 1–2 Wochen. Die Pflänzchen wachsen langsam. Säe früh im Jahr aus, wenn Du die Pflanzen ins Freie setzen willst, damit vor dem ersten Frost eine Frucht reifen kann.

DIE PFLANZE RICHTIG PFLEGEN

1. Setze Sämlinge aus Anzuchtsystemen in 9-cm-Töpfe, sobald ihre Wurzeln die Zelle ausgefüllt haben. Wenn die Wurzeln den größeren Topf ausfüllen und jegliche Frostgefahr vorüber ist, kannst Du sie in ein Beet in voller Sonne oder in Töpfe (für draußen oder drinnen) pflanzen. Ideal für ein gutes Wachstum sind Temperaturen von 18–21 °C.

2. Die langen Stängel ranken (mit Ausnahme von einigen Sommerkürbis-Sorten, die buschig wachsen). Du kannst die Pflanzen an einem Rankgerüst platzsparend erziehen. Stütze die Früchte mit Netzen oder alten Strumpfhosen. Schneiden ist nicht nötig.

ÄPFEL UND BIRNEN

Malus domestica und *Pyrus communis*

SCHWIERIGKEITSGRAD: ● GEDULD: ●●● WUCHSFORM: BAUM, MEHRJÄHRIG

Es ist eine tolle Sache, einen Baum aus einem winzigen Kern heranzuziehen, auch wenn sich nicht die gleiche Frucht wie am ursprünglichen Baum entwickelt. Ideal ist eine Aussaat im späten Herbst, die im Winter draußen bleibt. Im Kühlschrank lässt sich die Samenruhe sogar ganzjährig brechen.

DAS BRAUCHST DU

- Apfel oder Birne
- Kleinen Topf (9 cm) mit Substrat
- Netz und Gummiring bei einer Aussaat in einen Topf im Freien

SO GEHT'S

1. Säe saubere Samen in einen Topf mit vorgewässertem Substrat. Lege fünf Samen pro Topf aus, das erhöht die Erfolgschancen.

2. Die Kerne brauchen eine Kälteperiode (mindestens 2 Monate lang unter 5 °C), damit die Samenruhe gebrochen wird. Säe in Töpfe, die während des Winters im Freien stehen, oder stelle den Topf in den Kühlschrank. Auf dem draußen stehenden Topf befestigst Du ein elastisches Netz, das mit einem Gummiring fixiert wird. So können keine Tiere wie Mäuse an die Samen gelangen.

3. Jetzt können die Töpfe auf eine warme, sonnige Fensterbank kommen. Im Frühling kannst Du sie draußen stehen lassen. Die Samen keimen innerhalb von 3–8 Wochen. Halte das Substrat feucht, aber nicht nass.

TIPPS

AUSSAAT: IM HAUS/IM FREIEN
KULTUR: IM HAUS/IM FREIEN
MINDESTTEMPERATUR: –10 °C
ENDGRÖSSE: 2 M+

DIE PFLANZE RICHTIG PFLEGEN

1. Pflanze jeden Sämling in einen eigenen Topf und topfe um, sobald sie größer werden. Wenn es geht, setze sie in den Garten. Sie sind winterhart. Es kann sein, dass die jungen Stämme eine Stütze benötigen.

2. Bei einjährigen Bäumen schneidest Du die Spitze unmittelbar über der fünften Knospe von unten ab. Das fördert die Verzweigung.

PFLAUMEN UND APRIKOSEN

Prunus domestica und *Prunus armeniaca*

SCHWIERIGKEITSGRAD: GEDULD: WUCHSFORM: BAUM, MEHRJÄHRIG

Pflaumen und Aprikosen verlangen einen langen Atem, doch bringen sie eher Früchte als eine Anzucht aus Apfelkernen. Die Aussaat nimmt man im Idealfall im Oktober oder November vor und lässt sie den Winter über im Freien. Die Samenruhe lässt sich ganzjährig im Kühlschrank brechen.

DAS BRAUCHST DU

- Pflaume oder Aprikose
- (Marmeladen-)Glas
- Kleinen Topf (9 cm) mit Substrat
- Netz und Gummiring bei der Aussaat im Freien

TIPPS

AUSSAAT: IM HAUS/IM FREIEN
KULTUR: IM HAUS/IM FREIEN
MINDESTTEMPERATUR: –10 °C
ENDGRÖSSE: 2 M+

SO GEHT'S

1. Reinige den Kern, entferne alle Spuren von Fruchtfleisch. Lege ihn für 48 Stunden in ein Glas Wasser: Die äußere Schale weicht auf und Wasser dringt ein.

2. Pflanze ihn in einen Topf mit vorgewässertem Substrat. Diesen stellst Du im Kühlschrank kalt oder während des Winters für 2–3 Monate im Freien auf, so wird die Keimung angeregt. Zum Schutz vor Mäusen und anderen Schädlingen befestigst Du über dem im Freien stehenden Topf ein Netz mit einem Gummiring.

3. Stell den Topf an einen warmen, sonnigen Platz (oder lass ihn im Frühling draußen stehen). Die Keimung erfolgt innerhalb mehrerer Monate, dies kann bis zu 18 Monate dauern.

DIE PFLANZE RICHTIG PFLEGEN

1. Topfe die jungen, heranwachsenden Bäume öfter um. Pflanze Pflaumenbäume an einen geschützten, sonnigen Platz. Stütze sie zum Schutz vor Windbruch. Damit sie sich verzweigen, schneidest Du bei einjährigen Bäumen die Spitze oberhalb der fünften Knospe über dem Boden aus.

2. Aprikosen ziehst Du am besten vor einer Wand. Du kannst sie super in Form eines Spalierbaums ziehen.

PFIRSICHE UND NEKTARINEN

Prunus persica und Prunus persica var. nectarina

SCHWIERIGKEITSGRAD: 💧 GEDULD: 💧💧💧 WUCHSFORM: BAUM, MEHRJÄHRIG

Bis ein Pfirsich- oder Nektarinenkern zu einem Baum herangewachsen ist, der Früchte trägt, vergehen 4 oder 5 Jahre. Am besten nimmst Du die Aussaat im Oktober oder November vor und lässt sie den Winter über im Freien. Die Samenruhe kannst Du ganzjährig im Kühlschrank brechen.

DAS BRAUCHST DU

- Pfirsich oder Nektarine
- Kleinen Topf (9 cm) mit Substrat
- Netz und Gummiring für Töpfe im Freien

TIPPS

AUSSAAT: IM HAUS/IM FREIEN
KULTUR: IM HAUS/IM FREIEN
MINDESTTEMPERATUR: –10 °C
ENDGRÖSSE: 2 M+

SO GEHT'S

1. Reinige die Kerne, um alle Spuren des Fruchtfleischs zu entfernen. Lass sie 3 Tage lang in der Sonne trocknen.

2. Säe in einem Topf mit feuchtem Substrat aus, nimm nur einen Kern pro Topf, die Wurzeln wollen keine Störung. Stelle den Topf im Kühlschrank kalt oder während des Winters für 2–3 Monate im Freien auf. Das Substrat muss gleichmäßig feucht bleiben. Schütze den Topf draußen durch ein Netz, das Du mit einem Gummi befestigst.

3. Nach dem (simulierten) Winter stellst Du den Topf auf eine sonnige Fensterbank bei Temperaturen von 15–20 °C. Gib ihm nach Möglichkeit Wärme von unten, indem Du den Topf in einem Untersetzer über einen Heizkörper stellst. Das Substrat darf nicht austrocknen. Die Kerne keimen innerhalb der nächsten paar Monate.

DIE PFLANZE RICHTIG PFLEGEN

1. Belasse die Jungpflanze ein Jahr lang im Topf – topfe jedoch um, sobald unten aus dem Topf Wurzeln hervorkommen. Binde den jungen Stamm an einen Stab, damit er aufrecht wächst. Nach einem Jahr kommt die Pflanze in den Endtopf oder an ihren Platz im Garten. Stütze sie.

2. Pfirsiche kann man gut vor einer besonnten Wand erziehen (weiterführende Literatur siehe Seite 140).

SÜSS- UND SAUERKIRSCHEN

Prunus avium und P. cerasus

SCHWIERIGKEITSGRAD: GEDULD: WUCHSFORM: BAUM, MEHRJÄHRIG

Die Kultur von Kirschbäumen lohnt sich allein schon wegen der Blütenpracht im Frühling. Zudem tragen die Bäume farbenprächtiges Laub im Herbst. Die Aussaat nimmst Du idealerweise im September oder Oktober vor und lässt sie den Winter über im Freien stehen. Die Samenruhe lässt sich ganzjährig im Kühlschrank brechen.

DAS BRAUCHST DU

- Kirschen
- Sieb
- Kleinen Topf (9 cm) mit Substrat
- Netz und Gummiring bei einer Aussaat in einen Topf im Freien

TIPPS

AUSSAAT: IM HAUS/IM FREIEN
KULTUR: IM HAUS/IM FREIEN
MINDESTTEMPERATUR: –10 °C
ENDGRÖSSE: 2 M+

SO GEHT'S

1. Spüle die Steine unter fließendem Wasser. Schwenke sie in einem Sieb, um das Fruchtfleisch zu entfernen.

2. Säe in einem Topf mit vorgewässertem Substrat aus. Lege mehrere Kerne pro Topf in gleichmäßigem Abstand aus, um Platz zu sparen. Soll der Topf im Freien stehen, bedecke ihn mit einem Netz, das Du mit einem Gummi befestigst, sonst stehlen Mäuse die Kerne.

3. Stelle den Topf für 3 Monate an einen kalten Platz – entweder im Freien oder im Kühlschrank (0–5 °C). Bring ihn dann an einen warmen Platz, etwa auf eine besonnte Fensterbank, und warte, bis sich ein Austrieb zeigt. Die Keimung erfolgt innerhalb von ein paar Monaten.

DIE PFLANZE RICHTIG PFLEGEN

1. Sobald die Samen kleine Sprosse haben, kann man sie vorsichtig in kleine Töpfe vereinzeln. Topfe nach Bedarf um. Setze die Pflanzen schließlich an einen sonnigen Platz im Garten oder in einen großen Topf.

2. Stütze die jungen Bäume mit einem Bambusstab oder Stock. Die winterharten Pflanzen können das ganze Jahr über im Freien stehen. Näheres zu Schnitt und Erziehung steht in der weiterführenden Literatur auf der Seite 140.

STACHELBEEREN, SCHWARZE, ROTE UND WEISSE JOHANNISBEEREN

Ribes-Arten

SCHWIERIGKEITSGRAD: 💧 GEDULD: 💧💧 WUCHSFORM: STRAUCH, MEHRJÄHRIG

Johannis- und Stachelbeersträucher kann man leicht aus Kernen heranziehen. Ihre Früchte eignen sich für Marmelade und für Süßspeisen. Die Aussaat findet im Idealfall im Herbst statt, man lässt sie den Winter über im Freien. Die Samenruhe lässt sich ganzjährig im Kühlschrank brechen.

DAS BRAUCHST DU

- Stachelbeeren, Schwarze, Rote oder Weiße Johannisbeeren
- Sieb und ein Stück Tuch
- Kleinen Topf (9 cm) mit Substrat
- Netz und Gummiring bei einer Aussaat in einen Topf im Freien

TIPPS

AUSSAAT: IM HAUS/IM FREIEN
KULTUR: IM HAUS/IM FREIEN
MINDESTTEMPERATUR: –10 °C
ENDGRÖSSE: 1 M+

SO GEHT'S

1. Drücke das Fruchtfleisch und die Kerne aus der Schale in ein mit einem Stück Tuch ausgelegtes Sieb. Trenne die Kerne vom Fruchtfleisch und lass sie für ein paar Stunden auf einem Teller trocknen. Säe sie sogleich aus.

2. Nimm dazu einen Topf mit vorgewässertem Substrat. Wenn Du ihn im Freien aufstellst, bedecke ihn zum Schutz vor Schädlingen mit einem Netz, das Du mit einem Gummiring befestigst. Stelle den Topf für 2–3 Monate an einen kalten Platz, im Winter draußen oder in den Kühlschrank.

3. Nach dem (simulierten) Winter stellst Du den Topf an einen warmen, sonnigen Platz. Innerhalb von ein paar Monaten kommt es zur Keimung.

DIE PFLANZE RICHTIG PFLEGEN

1. Sobald sich die Jungpflanzen im Einzeltopf befinden, wachsen sie schnell. Topfe nach Bedarf um und pflanze sie im Alter von 1 Jahr in den Garten oder in einen größeren Topf. Stachel- und Johannisbeersträucher sind winterhart, sie vertragen einen halbschattigen Platz.

❷ Stachel- und Johannisbeeren kann man mehr oder weniger natürlich wachsen lassen. Geschnitten wird, um ihre Größe zu begrenzen oder um sie als Hochstämmchen oder Spalier zu erziehen (mit Ausnahme Schwarzer Johannisbeeren). Weitergehende Informationen zum Schnitt und zur Erziehung von Beerensträuchern finden sich in der weiterführenden Literatur auf der Seite 140.

❸ Von all diesen Beerensträuchern kann man Stecklinge schneiden (siehe Seite 136–137).

HEIDELBEEREN UND CRANBERRYS

Vaccinium-Arten

SCHWIERIGKEITSGRAD: GEDULD: WUCHSFORM: STRAUCH, MEHRJÄHRIG

Heidelbeeren und Cranberrys gedeihen nur in saurer Erde gut, sorge daher für einen niedrigen pH-Wert (Testsets gibt es im Gartencenter). Du kannst auch einen Topf mit Rhododendronerde füllen. Beginne mit der Aussaat im Oktober oder November und stell sie den Winter über ins Freie. Die Samenruhe lässt sich jedoch ganzjährig im Kühlschrank brechen.

DAS BRAUCHST DU

- Heidelbeeren oder Cranberrys
- Sieb und ein Stück Tuch
- Kleinen Topf (9 cm) mit Rhododendronerde
- Netz und Gummiring bei einer Aussaat in einen Topf im Freien

TIPPS

AUSSAAT: IM HAUS/IM FREIEN
KULTUR: IM HAUS/IM FREIEN
MINDESTTEMPERATUR: –10 °C
ENDGRÖSSE: 1 M+

SO GEHT'S

1. Drücke die Früchte durch ein mit einem Stück Tuch ausgelegtes Sieb. Trenne die Kerne ab.

2. Säe in einem Topf mit vorgewässertem Substrat aus. Stelle den Topf für 2–3 Monate entweder im Freien oder im Kühlschrank auf (bei Temperaturen von 0–5 °C). Befestige über dem Topf ein Netz mit einem Gummiring, sofern der Topf im Freien stehen soll. Das schützt die Kerne vor Mäusen und anderen Schädlingen. Das Substrat muss feucht bleiben, darf aber nicht durchnässt sein.

3. Stelle den Topf an einen warmen Platz, etwa auf eine besonnte Fensterbank. Die Keimung findet innerhalb von 2 Monaten statt.

DIE PFLANZE RICHTIG PFLEGEN

1. Topfe um, wenn es notwendig ist, verwende immer Rhododendronerde. Gieße nach Möglichkeit mit Regenwasser – Leitungswasser erhöht den pH-Wert der Erde. Falls das Substrat oder der Boden zu alkalisch ist, werden die Pflanzen vergilbende Blätter zeigen. Eine Schwefelgabe (erhältlich im Gartencenter) stellt die richtigen Bodenverhältnisse wieder her.

❷ Heidelbeeren wachsen zu mittelgroßen Sträuchern heran. Sie gedeihen in der Sonne oder im Halbschatten. Sie wollen eher sandige, gut wasserabführende Erde, brauchen aber reichlich Feuchtigkeit. Entferne jeden Spätwinter ein Drittel der ältesten Triebe an der Basis.

❸ Cranberrys wollen einen moorigen Boden, man muss sie daher, wenn man sie im Topf wachsen lässt, dauernd wässern. Man kann für sie auch eine Kuhle in einem Beet mit Teichfolie auslegen, um die Feuchtigkeit zurückzuhalten. Die niedrig wachsenden Pflanzen bilden weit streifende Triebe, die man im Herbst auf eine einfache Lage von Zweigen zurückschneidet.

ERDBEEREN, HIMBEEREN UND BROMBEEREN

Fragaria-Arten und *Rubus*-Arten

SCHWIERIGKEITSGRAD: GEDULD: WUCHSFORM: BUSCHIGE STAUDE/STRAUCH, MEHRJÄHRIG

Beerenpflanzen keimen und wachsen schneller als anderes Obst und bilden leicht selber wieder Früchte. Man kann alle im Topf ziehen, aber Himbeeren und Brombeeren entwickeln sich besser im gewachsenen Boden. Erdbeeren sät man am besten im März, es geht jedoch ganzjährig. Bei Himbeeren und Brombeeren bricht man die Samenruhe im Kühlschrank.

DAS BRAUCHST DU

- Erdbeeren/Himbeeren/Brombeeren
- Messer
- Sieb und ein Stück Tuch
- Kleinen Topf (9 cm) mit Substrat
- Netz und Gummiring bei einer Aussaat in einen Topf im Freien

TIPPS

AUSSAAT: IM HAUS/IM FREIEN
KULTUR: IM HAUS/IM FREIEN
MINDESTTEMPERATUR: –10 °C
ENDGRÖSSE: 0,3–2 M+

SO GEHT'S

1. Erdbeersamen sind leicht auszumachen – das sind die Nüsschen an der Oberseite der Frucht. Sammle sie mit einer Messerspitze ab. Wasche sie nun, falls immer noch Fruchtfleisch an ihnen haftet, in einem Sieb, das mit einem Stück Tuch ausgelegt ist.

2. Säe die Erdbeersamen in einem Topf mit vorgewässertem Substrat aus und stelle ihn an einen warmen Platz. Prüfe täglich, ob das Substrat Wasser braucht. Die Keimung dauert etwa 4 Wochen.

3. Bei Himbeeren und Brombeeren liegen die Kerne innerhalb der einzelnen Teilfrüchte, die zusammen die Sammelfrucht ergeben. Drücke die Früchte durch ein mit einem Stück Tuch ausgelegtes Sieb, wasche das Fruchtfleisch fort und entnehme die Kerne.

4. Die Kerne von Himbeeren und Brombeeren benötigen eine einmonatige Kälteperiode. Stelle den Topf nach der Aussaat (in vorgewässertem Substrat) in den Kühlschrank. Das Substrat muss immer feucht bleiben. Danach kommt der Topf an einen warmen Platz. Die Keimung erfolgt innerhalb eines Monats.

ERDBEEREN, HIMBEEREN UND BROMBEEREN

Fortsetzung

DIE PFLANZE RICHTIG PFLEGEN • ERDBEEREN

1 Die Sämlinge wachsen nach der Keimung langsam, doch einmal in die Gänge gekommen, werden sie schnell größer. Topfe die Jungpflanzen um, wenn es nötig ist – eine einzelne Pflanze braucht einen Endtopf mit einem Fassungsvermögen von 1,5–2 Litern, ein größerer Topf nimmt mehrere Pflanzen auf, oder man setzt sie in ein Beet. Ziehe die Pflanzen an einem sonnigen, nicht zu warmen Platz (20 °C sind optimal). Im Winter müssen sie eine Kälteperiode erfahren, sonst blühen sie nicht.

2 Erdbeeren sind besonders anfällig für Grauschimmel (Botrytis, siehe Seite 129). Es ist daher wichtig, alle alten Blätter und Stängel zu entfernen, damit die Pflanzen sauber bleiben. Ein Schnitt ist nicht erforderlich.

3 Im Anschluss an die Fruchtbildung bilden die Pflanzen Ausläufer. Entlang dieser langen Stängel entwickeln sich Tochterpflanzen. Um weitere Pflanzen heranzuziehen, setzt Du die Tochterpflanze, die nah bei der Mutterpflanze sitzt, in einen 9-cm-Topf mit vorgewässertem Substrat und klemmst sie mit einer umgebogenen Büroklammer fest. Das Pflänzchen bildet bald Wurzeln. Jetzt kannst Du es von der Mutterpflanze trennen. Macht man dies mit jeder ersten Tochterpflanze von jedem Ausläufer, lässt sich der Bestand an Erdbeeren rasch vervielfältigen.

• HIMBEEREN UND BROMBEEREN

1. Diese Gehölze blühen und fruchten an langen Ruten, die man an Spanndrähten oder (im Topf) an einem Stangenzelt aufbindet. Topfe die Jungpflanzen öfter um, bis sie einen möglichst großen Topf erreicht haben. Setze nicht mehr als drei Pflanzen in einen Container mit 30 cm Durchmesser. Ideal wäre ein Beet im Freien. Wähle einen sonnigen Platz, obwohl die Pflanzen Halbschatten vertragen.

2. Schneide jeden Herbst die Ruten, die Früchte getragen haben, zurück und binde die neuen Triebe auf.

KAPITEL 4

PFLANZENPFLEGE LEICHT GEMACHT

Die Kerne zum Keimen zu bringen, bedeutet nur den halben Spaß. – Zu sehen, wie sie zu ansehnlichen Pflanzen heranwachsen, ist die Krönung. Es bereitet unglaublich viel Freude, das Haus voller Pflanzen zu haben, die sonst an den Hügeln am Mittelmeer oder im tropischen Dschungel wachsen. Es darf Dich stolz machen, wenn Dein Garten vor Obst und Gemüse überquillt, das Du aus „Küchenabfällen" herangezogen hast.

In diesem Kapitel geht es um all die Aspekte rund um die Kultur der Pflanzen: Wie man sie umtopft oder ins Freie umsetzt, wie man sie schneidet, stützt oder wie man sie noch vermehren kann.

Außerdem werden die wichtigsten Krankheiten und Schädlinge sowie Probleme bei der Kultur erklärt: Du erfährst, worauf Du achten musst, was Du dagegen unternehmen und wie Du dem vorbeugen kannst.

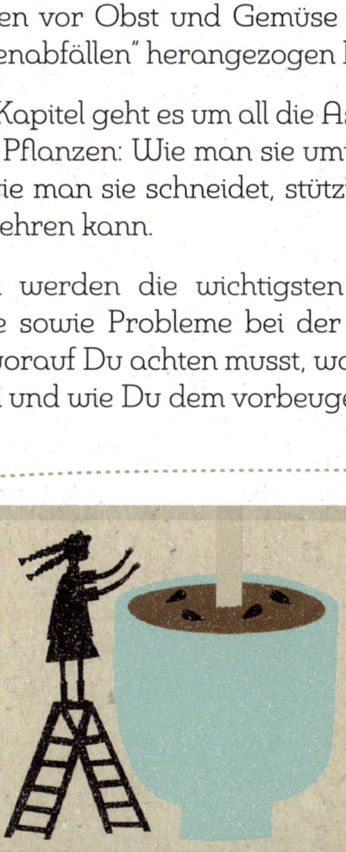

UMTOPFEN

Haben die Kerne einmal gekeimt, gehören sie in einen eigenen Topf, danach in den nächstgrößeren und immer weiter, solange sie wachsen. Eine Pflanze kann man nicht in einen viel zu weiten Topf setzen, denn die große Menge Substrat enthält viel Wasser, was einen kleinen Wurzelballen überschwemmt.

SÄMLINGE UMSETZEN (PIKIEREN)

Nimm Schritt für Schritt einen größeren Topf, dabei erhält die Pflanze regelmäßig frisches Substrat. Einmal ausgewachsen, kann die Pflanze Jahr für Jahr im selben Topf bleiben. Topfe alle 1–3 Jahre wie unten beschrieben um. Entferne dabei so viel wie möglich von dem alten Substrat, um es durch neues zu ersetzen. Vor dem Umsetzen musst Du die Pflanze unbedingt gießen.

Sämlinge aus Zellen in einem Anzuchtsystem lassen sich leicht entnehmen. Mit Daumen und Zeigefinger drückst Du von unten den Wurzelballen nach oben, gleichzeitig ziehst Du behutsam an den Blättern. Einmal herausgenommen, fasst Du möglichst den Erd- oder Wurzelballen an (immer noch vorsichtig) und weniger die Pflanze.

Hattest Du viele Kerne in einer Schale ausgesät, fasst Du den Sämling an einem Blatt und ziehst so an der Pflanze. Gleichzeitig hebst Du mit einem Bleistift oder Löffelstiel (als Ersatz für einen Pikierstab) die Wurzeln aus dem Substrat.

EINE PFLANZE AUS DEM TOPF NEHMEN

Bedecke die Topfoberseite mit einer Hand, mit den Fingern zu beiden Seiten der Pflanze. Die andere Hand hält den Topf, dreht ihn kopfüber um und zieht ihn vom Wurzelballen weg. Dieser sollte unversehrt bleiben.

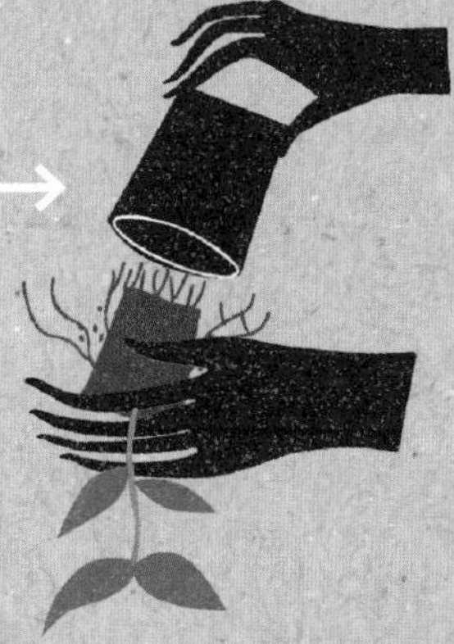

Und so kannst Du eine große Pflanze umsetzen, deren Topf so groß ist, dass man den Topf nicht umdrehen kann: Hebe mit einer Pflanzschaufel den Wurzelballen an. Jetzt kannst Du die Pflanze am Stängel fassen, da sie inzwischen kräftig genug ist.

UMSETZEN IN EINEN NEUEN TOPF

Halte die Pflanze in den neuen Topf, um die Höhe der Substrateinfüllung unterhalb von ihr abzuschätzen. Die Oberkante des Wurzelballens sollte etwa 1–2 cm unter dem Topfrand liegen, damit ein Gießrand verbleibt.

Bedecke den Topfboden ein wenig über die untere Marke hinweg mit Substrat. Stoße dann den Topf ein paarmal auf der Arbeitsfläche auf, damit sich das Substrat etwas verdichtet.

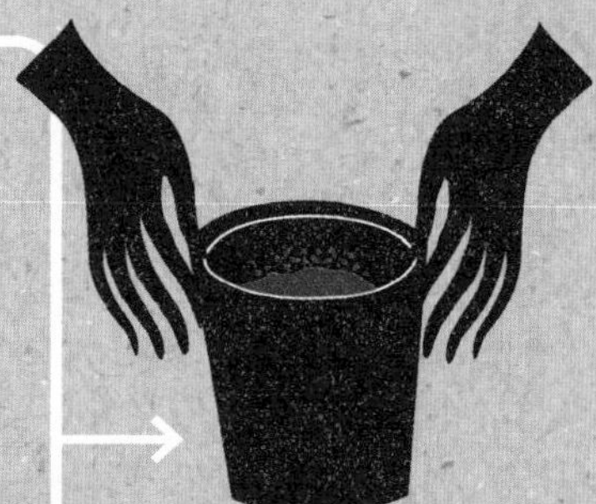

Stelle die Pflanze auf das Substrat und halte sie weiter fest, damit sie in der Mitte steht. Fülle rundherum weiteres Substrat ein, ein wenig mehr als benötigt. Stoße den Topf auf, presse die Erde vorsichtig fest. Drücke nur auf das frische Substrat, nicht auf den Grund des Wurzelballens. Die Pflanze muss einigermaßen fest sitzen, ein sanfter Zug darf sie nicht lockern. Gieße gründlich an.

AUSPFLANZEN – AB INS BEET

Damit ist das Umsetzen einer Topfpflanze in gewachsenen Boden im Freien gemeint. Die Pflanze muss dafür aber bereit sein. Der Sprung von einer warmen Fensterbank in ein kaltes Stück Boden kann sie im Wachstum zurückwerfen oder gar abtöten. Am besten pflanzt man im Frühling aus: Das Wetter ist dann warm und die Erde nicht so trocken wie im Sommer.

Zuerst musst Du die Pflanze abhärten. Das heißt, Du gewöhnst sie allmählich an die Verhältnisse im Freien. Stell den Topf anfangs nur tagsüber nach draußen und bring ihn für die Nacht wieder ins Haus. Nach ein paar Tagen kann er nachts im Freien bleiben – aber nur mit ein wenig Schutz durch eine Abdeckung aus Vlies oder Zeitungspapier. Hat die Pflanze auf diese Weise noch ein paar Tage draußen verbracht, ist sie bereit für den Umzug ins Freiland. Gieße die Pflanze einige Stunden vor der Aktion gründlich.

Bereite den Boden zuerst vor (siehe Seite 38). Falls er trocken ist, gieße auch rund um die Pflanzfläche.

Das Pflanzloch muss doppelt so breit und ebenso tief sein wie der Wurzelballen, damit die Oberkante des Wurzelballens auf Bodenniveau liegt.

Nimm die Pflanze aus dem Topf (siehe Seite 117) und setze sie ins Loch. Fülle rund um den Wurzelballen Erde ein, die Du andrückst. Übe rund um den Haupttrieb keinen Druck aus, dabei könnten Wurzeln abbrechen. Ein leichter Zug darf die Pflanze nicht aus der Erde herausreißen.

Gieße die Pflanze und den Boden um sie herum gründlich. Prüfe ein paar Wochen lang noch jeden Tag, ob sie Wasser braucht. Diese zusätzliche Unterstützung zum Anwachsen benötigt sie, bis sie selbst genug Wurzeln hat, die sie mit Wasser versorgen können.

Möglicherweise musst Du die Pflanze zum Schutz vor Schädlingen mit einem Netz oder einer Haube abdecken. Kletterpflanzen oder Bäume brauchen die Stütze eines Stabs.

SO BLEIBEN DIE PFLANZEN IN FORM

Alle Samen bilden zuerst einen einzelnen Spross und die meisten würden dabei bleiben, wenn man sie ließe. Denn das ist der schnellste Weg, um ans Licht zu kommen. Damit die Pflanze gefälliger aussieht, etwa wie eine Blattkuppel oder eine verzweigte Baumkrone, ist ein gezielter Schnitt notwendig.

SCHNITT

Wann ein Schnitt ausgeführt wird, hängt davon ab, wie schnell die Pflanze wächst. Normalerweise brauchen nur Bäume, Sträucher oder Kletterpflanzen einen Schnitt. Doch auch Einjährige verzweigen sich besser, wenn man ihre Triebspitze entfernt.

DIE SPITZE ENTFERNEN

Das Entfernen der Triebspitze und des obersten Blattpaars regt die Pflanze zur Bildung von Seitentrieben und zur Verzweigung an. Wenn diese Zweige dann größer werden, kann man deren Spitzen wiederum entfernen, um noch mehr Seitentriebe anzuregen.

Verwende für den Schnitt stets scharfes, sauberes Werkzeug wie eine (Garten-) Schere oder ein Messer. Schneide den Trieb immer knapp über dem höchsten verbleibenden Blatt, damit kein blattloser Stumpf stehen bleibt – das sieht hässlich aus und Krankheiten können dadurch eindringen.

Eine ausgewachsene Pflanze kann man regelmäßig stutzen, um sie in Form zu halten. Das geschieht ein- oder zweimal pro Jahr im Anschluss an die Blüte. Gleichzeitig entfernt man alle abgestorbenen Triebe. Wieder schneidet man knapp über einem gesunden Blatt oder zurück bis auf einen gesunden Trieb.

Der Schnitt von Kletterpflanzen geschieht nach denselben Grundsätzen wie der Schnitt buschiger Pflanzen: Die Herausnahme des Haupttriebs regt die Pflanze zur Bildung von mehr Seitentrieben an. Daran können sich eher Blüten und womöglich Früchte bilden. Am besten wartest Du mit dem Schnitt, bis die Pflanze eine gewisse Höhe erreicht hat.

Obstbäume wie Äpfel, Pflaumen und Kirschen kann man auf verschiedene Weise erziehen und schneiden. Weiterführende Literatur findet sich auf Seite 140.

APIKAL-DOMINANZ

Dieser Mechanismus in der Pflanze bestimmt, dass der Haupttrieb am stärksten und am höchsten wächst – zu Lasten der Seitentriebe. Wird die Spitze entfernt, werden die Wachstumshormone umgelenkt und regen Seitentriebe an.

HOHE PFLANZEN UND KLETTERPFLANZEN STÜTZEN

Je nach Wuchstyp der Pflanze kann es nötig sein, sie mit einem Stab zu stützen, oder man lässt sie an einem Stangenzelt, einem Draht oder einem Drahtgerüst entlangranken. Näheres dazu findest Du bei den einzelnen Pflanzen in Kapitel 3.

ANBINDEN

Kletterpflanzen brauchen besonders in der Anfangsphase eine geeignete Stütze. Später gelingt das Entwirren und Aufbinden eines verschlungenen Büschels langer Triebe nur noch mit Mühe. Meist werden dabei sogar ein paar Triebe beschädigt.

Steck den Bambusstab oder den Stock am besten vor dem Einsetzen der Pflanze in den Topf. Ist die Pflanze schon eingepflanzt, steckst Du ihn nahe am Haupttrieb, aber nicht direkt daneben, so könnten Wurzeln verletzt werden. Schiebe ihn bis an den Topfboden durch oder etwa 60 cm tief in den Boden, damit er das Gewicht hält.

Binde den Trieb mit einer mehrfach achtförmig verschlungenen Schnur an die Stütze. Verknote die Schnur am Stab, nicht am Trieb. Bring die Schlingen unmittelbar unterhalb eines Blattpaars an. Dadurch erhält die Schnur einen gewissen Halt und man sieht sie nicht so schnell. Eine Verschnürung sollte genügen, um den Trieb zu stützen. Sie muss jedoch etwas Spielraum aufweisen, damit die Pflanze noch wachsen und dicker werden kann.

Die Bindestellen sollte man monatlich kontrollieren, damit sie nicht zu eng werden. Erneuere zu feste oder kaputte Verschnürungen oder entferne sie, sobald die Pflanze keine Stütze mehr benötigt.

Verwende möglichst eine weiche Schnur. Sie reibt nicht am Stängel, führt also nicht zu einer Beschädigung. Anders als Draht oder Kunststoff verrottet sie mit der Zeit, wird also nicht so leicht in den dicker werdenden Trieb einschneiden.

SCHÄDLINGE

Leider gibt es jede Menge kleine und nicht so kleine „Ungeheuer", die es auf die Sämlinge abgesehen haben – sogar auf einer Fensterbank in der Stadt. Ein Schutz davor ist einfach, aber nicht immer schön anzusehen. Die schlimmsten Übeltäter, und wie man gegen sie vorgehen kann, sind hier beschrieben. Genaueres findest Du in der weiterführenden Literatur auf der Seite 140.

VORBEUGEN IST BESSER ALS HEILEN

Gesunde, sprich gut gegossene, gedüngte Pflanzen am richtigen Platz wehren Angriffe von Schädlingen leicht ab. Erkennt man eine Attacke frühzeitig, hat man bessere Chancen, die Schädlinge ganz loszuwerden. Kontrolliere die Pflanzen daher regelmäßig. Wichtig ist es auch, alle anderen Pflanzen im Haus – oder jene, die ins Haus kommen – auf Schädlinge zu prüfen. Setze synthetische Pflanzenschutzmittel nur als allerletztes Mittel ein, nachdem Du es mit anderen Bekämpfungsmethoden probiert hast, und verwende nur zugelassene Produkte. Studiere die Herstellerinformation und halte Dich in Bezug auf Dosierung und Abstand zur Ernte genau an die Anweisungen.

Größere Tiere: Im Freien können Vögel, Mäuse, Eichhörnchen, Kaninchen und eventuell Rehe Schaden anrichten. Im Haus schädigen vielleicht die Haustiere die Pflänzchen.

Schadbild: Es entstehen große Löcher oder Blätter, Triebe sowie ganze Pflanzen werden abgerissen, wenn daran gefressen oder hineingebissen wird. Katzen scharren offenen Boden auf und legen Samen frei. Mäuse und Eichhörnchen stehlen Samen. Kaninchen knabbern die Rinde junger Stämme an.

Bekämpfung: Barrieren wie Zäune, Netze, Vliese oder Hauben (aus Kunststoff oder Glas) halten den größten Teil der Pflanzen im Boden. Ausgelegte dornige Äste wehren Katzen ab. Ein fest über einem Topf befestigtes Netz verhindert den Zugriff von Mäusen und Eichhörnchen.

Blattläuse: Diese große Gruppe kleiner Insekten saugt an Blättern und Stängeln, ihre Farbe ist grün oder schwarz. Die Weiße Fliege gehört nicht zu den Blattläusen, doch Schadbild und Bekämpfung sind in etwa gleich.

Schadbild: Blätter welken, sind eingerollt oder verkrüppelt. Ihre Oberseite erscheint glänzend klebrig, oft entwickelt sich später ein schwarzer Pilzüberzug. Die Schädlinge treten meist in Massen auf den Blattunterseiten, am Blattaustrieb und vor allem an den Triebspitzen auf. Weiße Fliegen schwirren in einer Wolke auf, wenn die Pflanze gestört wird.

Bekämpfung: Die Schädlinge kann man durch Abwaschen oder Absammeln beseitigen. Pass aber auf, dass Du sie den Abfluss hinunter spülst, vom Boden des Beckens krabbeln sie wieder zurück. Verschiedene im Handel erhältliche Spritzmittel töten die meisten Insekten und mit Insektizidseifen kann man die Pflanzen abwaschen. Im Garten sollte man Blaumeisen, Marienkäfer, Schwebfliegen und andere Nützlinge zur natürlichen Abwehr fördern.

Schnecken: Sie sind schnell ertappt, obwohl es sehr viele verschiedene Arten in unterschiedlicher Größe gibt. Sie verstecken sich in winzigen Ritzen und fressen ab der Dämmerung.

Schadbild: In den Blättern entstehen Löcher, junge Pflanzen werden komplett gefressen. Wo die Schnecken gekrochen sind, zeigt sich oft eine schimmernde Schleimspur.

Bekämpfung: Das Absammeln führt man am besten in der Abenddämmerung oder früh am Morgen durch. An der Unterseite von Töpfen und Schalen verbergen sie sich gern. Schneckenkorn wirkt recht gut, Barrieren (aus Kaffeesatz, zerkrümelten Eierschalen, Kupferband) einigermaßen. Fördere im Garten ihre natürlichen Feinde – dazu zählen Frösche, Kröten und Vögel.

Raupen: Die Larven der Schmetterlinge entdeckt man eher einmal tagsüber. Sie treten in Bezug auf Größe, Farbe und Behaarung recht vielgestaltig auf.

Schadbild: Blätter zeigen Löcher oder wurden komplett gefressen. Raupen und ihre Ausscheidungen sieht man an Blättern und Trieben.

Bekämpfung: Hindere die Schmetterlinge an der Eiablage, indem Du ein Netz über die Pflanze spannst. Oder Du sammelst die Raupen ab und wäschst die Ausscheidungen ab. Es gibt auch wirksame Spritzmittel.

Wollläuse: Wenn dieser Schädling im Haus auftritt, kann man ihn nur schwer ausmerzen. Die kleinen Insekten leben auf den Blattunterseiten und in den Blattachseln, wo sie an den Pflanzen saugen. Bedeckt sind sie mit grauen Wachsflocken. Das schützt sie vor dem Abwaschen oder Abspritzen. Weil sie an verborgenen Stellen leben, kann man sie nur schwer entfernen.

Schadbild: Die Pflanze ist im Wachstum gehemmt und wird allgemein anfälliger. Auf den Blattspitzen findest Du durchsichtige, klebrige Ausscheidungen.

Bekämpfung: Sammle alle Läuse ab, die Du entdecken kannst, und dusche Pflanzen, die das aushalten, unter einer Brause ab, um alle Insekten wegzuspülen (spüle sie wirklich fort!). Pflanzenschutzmittel gibt es zu kaufen. Vielleicht muss man einen gewissen Schädlingsbesatz hinnehmen, um die Pflanze behalten zu können. Dann muss man die Schädlinge regelmäßig entfernen.

KRANKHEITEN

Bei Krankheitserregern unterscheidet man grob zwischen Pilzen, Bakterien und Viren. Infektionen durch Pilze treten viel öfter auf als solche durch Bakterien, besonders bei Pflanzen im Haus. Falls die Anzeichen auf den Pflanzen andere sind, als hier beschrieben, schaue in der weiterführenden Literatur (Seite 140) nach.

FÜR EINE GESUNDE UMGEBUNG SORGEN

Gesunde Pflanzen erkranken nicht so leicht, kümmere Dich daher gut um Deine Sämlinge. Eine ordentliche Hygiene sorgt für eine Umgebung, in der Krankheiten nicht so leicht ausbrechen und vorhandene Krankheitskeime sich nicht einfach ausbreiten. Putze die Pflanze aus, indem Du abgestorbene Blätter und alles Abgefallene rund um die Pflanzenbasis entfernst. Reinige alle Werkzeuge und alles Zubehör einschließlich der Töpfe mit Seife oder Spülmittel und mit heißem Wasser. Falls sich auf der Substratoberfläche Schimmel bildet, topfe um und wasche die Wurzeln gründlich aus, bevor Du in frisches Substrat umsetzt.

Pflanzenschutzmittel (Fungizide) stehen als Spritzmittel gegen manche Krankheiten zur Verfügung, doch sollte man sie nur einsetzen, wenn es unbedingt nötig ist. Wähle dann ein gegen die erkannte Krankheit zugelassenes Produkt und studiere immer erst die Gebrauchsanweisung. Halte Dich genau an die Herstellerangaben, vor allem was Ausbringungsmenge, Häufigkeit der Anwendung und Abstand zur Ernte betrifft.

Botrytis: Diese Pilzkrankheit kennt man auch als Grauschimmel. Sie kommt so häufig vor, dass Sporen immer und überall in der Luft vorhanden sind. Daher ist es wichtig, die Pflanze gesund und damit wenig krankheitsanfällig zu halten. Die Krankheit befällt zuerst abgestorbene oder schwache Pflanzenteile und breitet sich dann auf gesundes Gewebe aus.

Schadbild: Ein flauschiger grauer Schimmelbelag entwickelt sich rasch, häufig zuerst an der Pflanzenbasis, von wo aus er sich schnell ausbreitet. Auf Blütenblättern entstehen braune Punkte.

Bekämpfung: Beuge einer Infektion durch eine gute Belüftung der Pflanzen vor und entferne alle abgestorbenen oder beschädigten Teile sofort. Stümpfe und Verletzungen werden mit einem scharfen Werkzeug sauber ausgeschnitten, um den Bereich der offenen Wunde klein zu halten. Tritt Grauschimmel auf, entferne alle infizierten Pflanzenteile so schnell wie möglich und verhindere, dass Sporenwolken freigesetzt werden.

Mehltau: Man unterscheidet zwischen Echtem und Falschem Mehltau. Sie erzeugen weißen bis grauen Belag auf den Blattoberflächen. Beide werden von zu den Pilzen gehörenden Erregern hervorgerufen.

Schadbild: Weißer bis grauer Pilzbelag entwickelt sich auf Blattoberflächen und breitet sich schließlich auf die ganze Pflanze aus. Echter Mehltau erscheint auf der Blattoberseite, Falscher Mehltau auf der Blattunterseite, auf der Seite gegenüber bilden sich gelbe Flecken. Die Blätter können vergilben und absterben, das Wachstum stockt.

Bekämpfung: Echter Mehltau tritt häufig an Pflanzen auf, die trockene Wurzeln haben, aber in feuchter Luft stehen. Angepasstes Gießen und gute Belüftung kann einer Infektion vorbeugen. Falscher Mehltau befällt häufig jüngere Pflanzen, ist aber auch typisch für eine feuchte Luft. Entferne befallene Blätter sofort und verbessere die Luft rund um die Pflanzen, um eine Ausbreitung einzudämmen.

Viren: Diese schleppt man meist mit der Pflanze selbst ein – manchmal sogar über die Kerne – oder über Insekten und Werkzeug.

Schadbild: Gelbe Punkte oder Strichelungen zeigen sich auf Blättern. Die ganze Pflanze wächst gestaucht oder verkrüppelt.

Bekämpfung: Haben sie einmal eine Pflanze befallen, lassen sich Viren nicht mehr bekämpfen. Am besten beseitigt man die Pflanze, damit sie andere nicht ansteckt. Reinige Werkzeug und Ausrüstung danach gründlich, damit die Erreger nicht verbreitet werden.

PROBLEME ERKENNEN & BEHEBEN

Neben Krankheiten und Schädlingen machen andere Probleme den Sämlingen zu schaffen. Sie alle lassen sich leicht beheben, indem man die Art und Weise der Pflege ändert.

WASSERMANGEL

Anzeichen: Die Blätter und schließlich die Triebe beginnen, schlaff zu werden, und hängen über. Ältere Blätter vergilben und fallen ab, Blütenknospen fallen ab oder öffnen sich nicht. Die Erde ist staubtrocken.

Gegenmaßnahme: Gieße! Stelle den Topf in einen Bottich oder Eimer voll Wasser (man muss ihn vielleicht auch von oben gießen oder beschweren, wenn er auftreibt), bis das Substrat durch und durch vollgesaugt ist. Hole den Topf heraus und lass überschüssiges Wasser ablaufen. Kontrolliere in Zukunft öfter.

ÜBERGIESSEN

Anzeichen: Diese sind ähnlich wie beim Wassermangel, nur ist das Substrat durchnässt. Die Blätter können aufgewölbte Knubbel aufweisen, die später braun werden und verkorken (man nennt das Ödeme), falls die Pflanze mehr Wasser aufnimmt, als ihr guttut.

Gegenmaßnahme: Gieß nicht mehr, bis das Substrat nur noch feucht ist. Entferne keine Blätter, sie werden gebraucht, um das Zuviel an Wasser durch Verdunstung loszuwerden. Wenn möglich, verbessere den Wasserabzug im Topf oder im Boden. Töpfe sollten nie über längere Zeit im Wasser stehen bleiben.

NÄHRSTOFFMANGEL

Anzeichen: Die Auswirkungen hängen davon ab, welcher Nährstoff fehlt. Am häufigsten tritt Stickstoffmangel auf. Er zeigt sich in vergilbenden Blättern, beginnend mit den ältesten. Kaliummangel äußert sich in schwachem Blüten- und Fruchtansatz. Fehlt Phosphor, wirken die Pflanzen bläulich überzogen, die Wurzeln entwickeln sich schlecht. Magnesiummangel kommt ebenfalls häufig vor. Die Blätter werden gelblich, die Blattadern bleiben aber grün.

Gegenmaßnahme: Verabreiche Dünger mit einem hohen Anteil des jeweiligen Nährstoffs. Halte Dich immer an die empfohlene Dosierung und Häufigkeit.

BLATTVERBRENNUNGEN

Anzeichen: Die Ränder der Blätter werden braun und dürr, sie sind plötzlich abgestorben. Die Ursache dafür ist entweder extreme Hitze oder Kälte, meist hervorgerufen durch Frost.

Gegenmaßnahme: Die beschädigten Blätter sind nicht zu retten. Pflücke sie nicht ab (die Pflanze kann daraus immer noch Nährstoffe entnehmen), sondern lass sie einfach abfallen. Schütze die Pflanze vor den extremen Temperaturen: Rück sie weg von einer besonnten Fensterbank oder weg von einem Heizkörper, um sie vor der Hitze zu bewahren. Bei Kälte stellst Du sie nach Möglichkeit ins Haus. Muss sie im Freien bleiben, dann wähle den mildesten Platz für sie. Bedecke die Pflanzen mit Vlies oder Zeitungspapier in der Nacht (tagsüber brauchen sie Sonnenlicht).

SCHÄDEN VON AUSSEN

Anzeichen: Äste oder Triebe sind abgeknickt aufgrund der Einwirkung von Tieren, Wind oder anderen Beschädigungen.

Gegenmaßnahme: Schneide die abgebrochenen Pflanzenteile mit einem scharfen Werkzeug mit einem glatten Schnitt unterhalb der Verletzung ab. Durch Wunden können Krankheitserreger eindringen, bevor sie heilen. Sorge dafür, dass sie möglichst klein und sauber sind.

STECKLINGE SCHNEIDEN

Eine Alternative zur Anzucht aus Samen ist es, neue Pflanzen aus Stecklingen zu gewinnen. Wenn Du etwa einen Zitrusbaum aus einem Kern gezogen hast, kannst Du ein Stück des Triebs entfernen und in Erde setzen. Es wird eigene Wurzeln entwickeln und mit der Zeit zu einer genetisch identischen (geklonten) Pflanze heranwachsen.

Die Anzucht aus Stecklingen verläuft schneller als die über die Aussaat von Kernen. Die Ausgangspflanze kann man auf diese Weise vervielfältigen, falls diese keine Früchte entwickelt. Üblicherweise nehmen Hobbygärtner nur Stecklinge von mehrjährigen Pflanzen ab, aber nicht zum Beispiel von Tomaten, wenn diese einmal eingewachsen und groß genug sind. Erwerbsgärtner dagegen verwenden Stecklinge, um benamte Sorten mit bestimmten Eigenschaften zu vervielfältigen.

Hier findest Du nun eine allgemeine Anleitung für den Stecklingsschnitt – es gibt aber verschiedene Stecklinge und viele Möglichkeiten, sie zu entnehmen. Mehr Infos findest Du in der weiterführenden Literatur (Seite 140).

EINEN STECKLING GEWINNEN

Nimm ein gesundes, noch biegsames Stück vom Haupttrieb oder einem Seitentrieb. Mehrere Stecklinge kann man von einer Pflanze entnehmen, die einen Schnitt benötigt – die Schnittabfälle eignen sich zur Vermehrung.

Das Triebstück sollte etwa 10 cm lang sein. Das untere Ende liegt dabei unterhalb eines Blattpaars. Schneide es schräg an. Entferne den verbliebenen Stumpf an der Pflanze. Entferne die Blätter an der unteren Hälfte des Triebstücks.

Stecke das Stück in einen Topf mit Substrat, sodass die Hälfte eingegraben ist. Mische nach Möglichkeit etwas Feinsplitt oder Grobsand unter die Erde, damit das Wasser besser abläuft. Man kann mehrere Stecklinge in einen Topf stecken, indem man sie außen im Kreis anordnet.

Die Stecklinge haben keine Wurzeln, sie dürfen nicht austrocknen. Das Substrat muss immer feucht, darf aber nicht nass sein (dann würden die Stecklinge faulen). Stelle sie in einen Vermehrungskasten oder stülpe eine Klarsichttüte über den Topf, damit die Luft feucht bleibt.

Entferne die Tüte oder öffne die Abdeckung täglich, damit Luft eindringt und Du die Stecklinge kontrollieren kannst. Jene, die Wurzeln bilden konnten, beginnen auszutreiben, die anderen faulen oder trocknen aus. Entferne sie, sobald klar ist, dass sie sich nicht entwickeln.

Bewurzelte Stecklinge kannst Du aus dem Topf nehmen, falls mehrere darin stehen. Oder Du lässt sie wachsen, bis ein Umtopfen notwendig wird (siehe Seite 116–117).

GLOSSAR

Abhärten Eine Pflanze wird an eine neue Umgebung umgewöhnt, gewöhnlich von drinnen nach draußen.

Apikaldominanz Diese Funktion in der Pflanze bestimmt, dass der Haupttrieb am schnellsten und am höchsten wächst. Und das zu Lasten der Seitentriebe. Wird die Spitze entfernt, regen Wachstumshormone die Bildung von Seitentrieben an.

Auspflanzen Eine im Topf angezogene Pflanze wird in den Boden im Freien gesetzt.

Eingewachsen Eine eingewachsene Pflanze hat Wurzeln in ihre Umgebung entsandt, sie nimmt Wasser und Nährstoffe auf. Umgetopfte oder umgesetzte Pflanzen brauchen Zeit, um in ihrer neuen Umgebung Fuß zu fassen.

Einjährige Diese Pflanzen vollenden ihren Entwicklungszyklus innerhalb eines Jahres: Sie wachsen aus dem Samen heran, blühen und sterben dann ab. Tomaten und Kürbisse sind Einjährige.

Einkeimblättrige Die Pflanzen besitzen ein Keimblatt. Dazu gehören etwa alle Gräser.

Embryo Die Anlage einer neuen Pflanze ist in den Samen eingeschlossen und umfasst auch Keimwurzel und Keimspross.

Fotosynthese Bei diesem Vorgang bilden die Pflanzen mithilfe der Energie des Sonnenlichts aus Wasser und Kohlendioxid (CO_2) energiereiche Verbindungen.

Haube Damit schützt man Pflanzen vor Kälte und vor Schädlingen. Sie können die Form einer Glocke haben und aus Glas gemacht sein. Oder es handelt sich um eine Kiste oder einen Tunnel aus Kunststoff.

Hochstämmchen Die Pflanze wird mit einem einzelnen Stamm erzogen, der eine Krone aus Zweigen und Blättern trägt. Meist trägt der Stamm eine Kugel.

Keimblätter Sie speichern die Nährstoffe für die Keimung des Samens. Man spricht auch von Kotyledonen.

Keimfähig Ein Samen oder Kern ist in der Lage zu keimen und zu wachsen.

Keimung Ein Samen nimmt Wasser auf, Wurzel und Spross wachsen.

Mehrjährige Solche Pflanzen wachsen über Jahre hinweg.

Nährgewebe Diese Reserve ist im Samen eingelagert und wird bei der Keimung für die neue Pflanze verbraucht.

pH-Wert Er zeigt den Säuregehalt, zum Beispiel des Bodens, an. Der Wert 7 steht für neutral, niedrigere Werte bedeuten sauer, höhere alkalisch. Die meisten Pflanzen bevorzugen pH-Werte von 6–7.

Pikierstab Ein längliches, zugespitztes Werkzeug mit rundem Querschnitt. Es macht Löcher in Erde oder Substrat, um Samen einzulegen, die Wurzeln von Keimlingen einzusenken oder um die Wurzeln von Sämlingen zu lockern.

Polyembryonie Dabei wächst aus einem Samen mehr als ein Spross, somit entwickeln sich mehrere Pflanzen.

Rhododendronerde Dieses saure Substrat eignet sich für säureliebende Pflanzen. Manchmal wird sie als Moorbeetpflanzenerde angeboten.

Samenruhe Dadurch können Samen eine (längere) Periode überstehen. Saatgut in Ruhe wird nicht keimen, bevor bestimmte Umweltbedingungen eintreten.

Samenschale Sie schützt den Embryo und die anderen Teile des Samens. Ihre Dicke und die Substanzen, die sie enthält, bestimmen, wie leicht ein Samen keimt.

Schnitt Eine Pflanze wird geschnitten, um ihre Form zu korrigieren oder um ihre Größe zu beschränken.

Schnurbaum Eine Pflanze, gewöhnlich ein Obstgehölz, wird eintriebig erzogen, mit kurzen Seitentrieben, die Früchte tragen. Auf diese Weise kann man viele Pflanzen auf kleinem Raum unterbringen.

Steckling Ein kleines Stück vom Trieb wird mit Blättern entnommen und in Erde gesetzt, damit es Wurzeln ausbildet und zu einer neuen Pflanze heranwächst. Auf diese Weise vermehrte Pflanzen sind genetisch identisch.

Umtopfen Man setzt eine Pflanze aus einem Topf in einen anderen, gewöhnlich größeren Topf um. Oder man erneuert das Substrat und setzt die Pflanze zurück in den alten Topf.

Zweikeimblättrige Diese Blütenpflanzen besitzen zwei Keimblätter.

ZUM WEITERLESEN

Collins, Chris: **Hurra, es wächst!** 30 tolle Projekte für kleine Gärtner. Kosmos

Heistinger, Andrea u. a.: **Handbuch Samengärtnerei:** Sorten erhalten, Vielfalt vermehren, Gemüse genießen. Ulmer

Himmelhuber, Peter: **Soforthelfer Obstbaumschnitt** – Die 99 schnellsten Antworten. Kosmos

Himmelhuber, Peter: **Soforthelfer Pflanzenschnitt** – Die 99 schnellsten Lösungen. Kosmos

Klein, Carol: **Pflanzenvermehrung.** Alle Methoden Schritt für Schritt erklärt. Christian

Loorbach, Liedewij: **Meine Pflanze und ich** – Das allernetteste Zimmerpflanzenbuch. Kosmos

Mitchell, Alex: **Mein Küchenbalkon** – Obst und Gemüse für City-Gärtner. Kosmos

Ratsch, Tanja: **Soforthelfer Kübelpflanzen** – Die 99 schnellsten Antworten. Kosmos

Thiel, Katja Maren: **Gartenkinder.** Den Garten gemeinsam erleben – die besten Ideen für Groß & Klein. Kosmos

Thiel, Katja Maren: **Gärtnern.** Grundkurs Grüner Daumen. Kosmos

Vietmeier, Andreas: **Soforthelfer Pflanzenschutz** – Die 99 schnellsten Antworten. Kosmos

Experimentierkästen

Riesen-Bambus – Rasend schnelles Wachstum. Kosmos

Weltraum-Farm – Züchte Pflanzen in einer galaktischen Forschungsstation. Kosmos

REGISTER

BILDQUELLEN

7 © Lucky Business | Shutterstock
10 © Dudakova Elena | Shutterstock
13 © gorillaimages | Shutterstock
15 oben rechts © Kawaia Scharle | Shutterstock
16 © Potapov Alexander | Shutterstock
17 © Ethan Daniels | Shutterstock
18–19 © Bogdan Wankowicz | Shutterstock
20 © Olesia Bilkei | Shutterstock
21 © Kostiantyn Ablasov | Shutterstock
22 © Dorling Kindersley ltd | Alamy
24 links © RTimages | Shutterstock
24 oben rechts © Jiang Hongyan | Shutterstock
24 unten rechts © Welcomia | Shutterstock
25 oben links © In Tune | Shutterstock
25 unten rechts © Richard Evans | Shutterstock
26 © Showcake | Shutterstock
28 © vivver | Shutterstock
29 © Nigel Cattlin | Alamy
30 © Pinkyone | Shutterstock
31 oben links © pterwort | Shutterstock
31 Mitte rechts © Prapann | Shutterstock
31 unten rechts © Serg64 | Shutterstock
32 © Graeme Dawes | Shutterstock
33 oben © Coprid | Shutterstock
33 Mitte © FilmForever | Alamy
33 unten © Madlen | Shutterstock
34 links © Dudakova Elena | Shutterstock
34 oben rechts © Miss Tuni | Shutterstock
34 unten rechts © SmileStudio | Shutterstock
35 oben rechts © Marina Onokhina | Shutterstock
37 © Jacques Palut | Shutterstock
39 oben © xpixel | Shutterstock
39 unten © Melpomene | Shutterstock
40 links © Richard Evans | Shutterstock
41 oben © Vlue | Shutterstock
41 unten © val r | Shutterstock
42 © Igor Dutina | Shutterstock
46 © amenic181 | Shutterstock
48 © Fotofermer | Shutterstock
50 © John Copland | Shutterstock
53 © IngridHS | Shutterstock
54 © Bailey Image | Shutterstock
55 © Shulevskyy Volodymyr | Shutterstock
56 © Jiang Hongyan | Shutterstock
57 © Tim Gainey | Alamy
58 oben © AlenD | Shutterstock
58 unten © Frannyanne | Shutterstock
59 © salpics32 | Shutterstock
60 FedeCandoniPhoto | Shutterstock
61 © Vladyslav Starozhylov | Alamy
62 © Elsa Hoffmann | Shutterstock
63 © Lucy Baldwin | Shutterstock
64 © Kittikorn Phongok | Shutterstock
65 © Frank Fischbach | Shutterstock
66 © Christian Slanec | Shutterstock
67 © yogesh more | Alamy
68 © Quang Ho | Shutterstock
69 © mr.surapong photong | Shutterstock
70 © Mohammed Anwarul Kabir Choudhury | Alamy
71 © Dennis Tokarzewski | Shutterstock
72–73 © Destinyweddingstudio | Shutterstock
74 © D7INAMI7S | Shutterstock
75 © Elnur | Shutterstock
76 © ULKASTUDIO | Shutterstock
77 © Analia Valeria Urani | Shutterstock
78 © blickwinkel | Alamy
79 © In Tune | Shutterstock
80 © Pigprox | Shutterstock
81 © Riverrail | Dreamstime.com
82 oben © MRS.Siwaporn | Shutterstock
82 unten © Madlen | Shutterstock
83 © RHS
84 © Tim UR | Shutterstock
85 © Jacques Palut | Shutterstock
86 © Tim UR | Shutterstock
87 © RHS | Carol Sheppard
88 oben © Hong Vo | Shutterstock
88 unten © sunsetman | Shutterstock
89 © RHS | Carol Sheppard
90 oben © Kawia Scharle | Shutterstock
90 unten © Tim UR | Shutterstock
91 © Brian Hoffman | Alamy
92–93 © Shebeko | Shutterstock
94 oben © Maks Narodenko | Shutterstock
94 unten © Czuber | Dreamstime.com
95 © Baloncici | Shutterstock
96 © foodonwhite | Shutterstock
97 © FotograFFF | Shutterstock
98 © Mazzzur | Shutterstock
99 © Richard Evans | Shutterstock
100 © Louella938 | Shutterstock
101 © Topdeq | Dreamstime.com
102 © Lipskiy | Shutterstock
103 © RHS | Tim Sandall
104 © Evoken | Shutterstock
105 © Anna Kucherova | Shutterstock
106 unten links und oben rechts © Viktar Malyschchyts | Shutterstock
106 links © HamsterMan | Shutterstock
107 © RHS | Tim Sandall
108 © Madlen | Shutterstock
109 © Asakalaskas | Dreamstime.com
110 © Valentina Razumova | Shutterstock
111 © Igor Normann | Shutterstock
112–113 © Darko Plohl | Dreamstime.com
114 © Stephen Flint | Alamy
121 © RHS | Tim Sandall
123 © Photofusion Picture Library | Alamy
125 © spline_x | Shutterstock
126 links © Nigel Cattlin | Alamy
126 rechts © Alena Brozova | Shutterstock
127 © Nigel Cattlin | Alamy
129 oben © RHS
129 unten © Alena Brozova | Shutterstock
130 © Julie Vader | Shutterstock
131 © RHS / Liz Beal
133 © Studio 37 | Shutterstock
134 links © RHS | Tim Sandall
134 rechts © Alena Brozova | Alamy
135 © Arunas Gabalis | Shutterstock
136 © marilyn barbone | Shutterstock
141 © Irina Schmidt | Shutterstock